Forrest M. Mims Ⅲ

电子工程师成长笔记

手绘揭秘电子世界

[美] 弗雷斯特·M. 米姆斯三世(Forrest M. Mims Ⅲ)著

侯立刚 译

本书以工程师手绘笔记的形式描绘了一个生动、有趣的电子技术世界。本书从基础开始首先介绍了静电、直流电和交流电、磁铁和螺线管等；然后介绍了常用电路；之后又对基本的电子元器件进行了逐一细致的讲述；最后对电路组装技巧进行了说明。全书包括100多个电路，类别包括基本电路、光子电路、数字电路和线性电路等多方面内容，是电子技术入门读者不可多得的参考用书。

本书适合电子技术入门人员、青少年、职业院校师生，以及电子技术爱好者阅读。

图书在版编目（CIP）数据

手绘揭秘电子世界/(美)弗雷斯特·M. 米姆斯三世（Forrest M. Mims Ⅲ）著；侯立刚译. —北京：机械工业出版社，2019.3（2024.1重印）
（电子工程师成长笔记）
书名原文：Getting Started in Electronics
ISBN 978-7-111-62031-0

Ⅰ. ①手… Ⅱ. ①弗…②侯… Ⅲ. ①电子技术-普及读物 Ⅳ. ①TN-49

中国版本图书馆CIP数据核字（2019）第028821号

机械工业出版社（北京市百万庄大街22号 邮政编码100037）
策划编辑：任 鑫 责任编辑：翟天睿
责任校对：梁 静 封面设计：马精明
责任印制：单爱军
北京虎彩文化传播有限公司印刷
2024年1月第1版第3次印刷
147mm×210mm·7印张·128千字
标准书号：ISBN 978-7-111-62031-0
定价：39.00元

凡购本书，如有缺页、倒页、脱页，由本社发行部调换

电话服务	网络服务
服务咨询热线：010-88361066	机 工 官 网：www.cmpbook.com
读者购书热线：010-68326294	机 工 官 博：weibo.com/cmp1952
	金 书 网：www.golden-book.com
封面无防伪标均为盗版	教育服务网：www.cmpedu.com

欢迎来到Forrest的学霸笔记世界

本书的作者 Forrest M. Mims III 先生是一位高产的作家、教师，迄今为止写了 69 本书，在《Nature》《Science》等知名杂志上累计发表了 1000 多篇文章，内容涉及科学、激光、计算机、电子等多个领域。他设计制作的设备被 NASA（美国国家航空航天局）用于太空中对大气污染的监测，并因相关研究获得杰出劳力士奖（Rolex Award）。令我震惊的不仅仅是 Forrest 先生的“产量”，而是他的书的特色：有意思，容易懂！书中真正深入浅出地用简单的笔记、手绘图的形式将诸多电路、传感器说得明明白白，引人入胜。

如果你还记得考试前努力借来的学霸同学的笔记，那么比那位学霸记录得更清楚、更明白、更全面的电子课笔记就在这里了。关键是还有图！手绘的图！很难弄明白 Forrest 先生怎么学得这么透彻，但看超级学霸的笔记会比看普通的教材容易得多，也有意思得多。

本书为你把基本电子元器件、数字集成电路、线性集成电路、电路制造小贴士和 100 多个可用的电路例子都记（画）下来了。通过学习，相信你就不会再对这些名词感到莫名的恐惧了，因为懂了！ 祝学习愉快！

作为一名教师，非常荣幸能有机会将本书翻译给同样幸运的读者。在感谢Forrest先生杰出工作的同时，也必须感谢机械工业出版社慧眼拾珍，为我们大家引荐了本书。

本书翻译得以完成，还要感谢叶丹晹、王海强、郭嘉、江南、吕昂等的协助和共同努力。在翻译的过程中，也得到了同事和家人的大力支持，在此一并感谢！

由于本书内容丰富，涉及大量相似和相近的元器件、电路，尽管译者一直认真仔细求证，但难免还会存在错误疏漏，恳请广大读者批评指正。

译者联系方式：houligang@bjut.edu.cn。

侯立刚

2019年1月

preface

原书前言

电子学入门

欢迎来到电子世界，这是当今高科技领域发展最快的领域之一，集聚了教育性与趣味性。本书将带你通过电子学、电子元器件学以及集成电路学领略静电和固态电子的魅力。第3~7章将介绍电子电路中各元器件的使用。第9章将介绍100多个成功通过测试和验证的电路。本书中的页面箭头指示了之后章节中的相关主题（例如在第3~7章中参考电路的工作原理描述）。希望读者觉得本书有用，有教育意义，并能从中体会到乐趣！

进一步了解电子学

希望本书能鼓励读者进一步研究电子学。可以仿照作者为Radioshack公司写的“Engineer's Mini-Notebook（工程师迷你笔记本）”系列，通过自己搭建电路开始学起。同时多读一些自己喜欢的电子学杂志。一定要记住，通过自己真正搭建、测试和使用电路，将不仅仅是简单地阅读学到更多的东西。所以一定要尽可能多地尝试自己搭建本书中的电路。在问题方面，如果读者认真学习了电子学，那么会发现本书提出了许多问题。通过“Engineer's Mini-Notebook（工程师迷你笔记本）”系列和其他Radioshack公司的书籍，可以找到问题的大部分答案。所以一定要去当地图书馆查找相关书籍。最后，读者还可以在互联网上，包括从Radioshack公司查找更多相关的感兴趣的电子学新闻和资源等。

对教育工作者的特别说明

本书自从1983年首次出版以来，帮助了许多学生，并让他们获得了各种科学项目的奖项。有些老师选用本书的一部分，更多老师则选用整本书作为基础电子学课程的教科书。在Radioshack公司的焊盘和模块化插座的帮助下，读者们几乎可以测试第9章中的每一个电路。

content

目录

欢迎来到 Forrest 的学霸笔记世界

原书前言

1 电 …… 1

1.1 工作中的电 …… 3
1.2 基础知识 …… 4
1.3 静电 …… 7
1.4 电流 …… 11
1.5 直流电 …… 12
1.5.1 直流电的应用 …… 14
1.5.2 直流电的产生 …… 15
1.6 交流电 …… 18
1.7 交流电和直流电的测量 …… 20
1.8 用电安全 …… 21
1.9 电路 …… 21
1.10 脉冲、波、信号和噪声 …… 24

2 电子元件 …… 28

2.1 电线电缆 …… 28

2.2 开关 …… 29
2.3 继电器 …… 31
2.4 动圈式电表 …… 32
2.5 传声器和扬声器 …… 32
2.6 电阻器 …… 33
2.7 电容器 …… 38
2.8 电阻和电容的应用 …… 43
2.9 线圈 …… 46
2.10 变压器 …… 48

3 半导体 …… 52

3.1 硅 …… 52
3.2 二极管 …… 55
3.3 晶体管 …… 62
3.3.1 双极型晶体管 …… 62
3.3.2 场效应晶体管 …… 67
3.3.3 单结晶体管 …… 75
3.4 晶闸管 …… 78
3.4.1 单向晶闸管 …… 79
3.4.2 双向晶闸管 …… 81
3.4.3 二极晶闸管 …… 84

4 光电半导体 …… 85

4.1 光 …… 85
4.2 光学元件 …… 87
4.3 半导体光源 …… 91
4.3.1 发光二极管 …… 91

4.3.2 LED的使用方法 ………………………… 97
4.4 半导体光电探测器 ………………………… 98
4.4.1 光敏电阻光电探测器 ………………………… 99
4.4.2 PN结光电探测器 ………………………… 102

5 集成电路 ………………………… 114

6 数字集成电路 ………………………… 117

6.1 机械门开关 ………………………… 117
6.1.1 二进制连接 ………………………… 119
6.1.2 二极管门 ………………………… 121
6.1.3 晶体管门 ………………………… 123
6.1.4 门的符号图 ………………………… 125
6.2 数据“公路” ………………………… 130
6.3 门的使用方法 ………………………… 130
6.3.1 组合逻辑电路 ………………………… 131
6.3.2 时序逻辑电路 ………………………… 133
6.3.3 组合-时序逻辑系统 ………………………… 138
6.4 数字IC ………………………… 139

7 线性集成电路 ………………………… 141

7.1 基本线性电路 ………………………… 141
7.2 运算放大器 ………………………… 142
7.3 定时器 ………………………… 143
7.4 信号发生器 ………………………… 145
7.5 电压调节器 ………………………… 145

7.6 其他线性 IC …… 146

8 电路装配技巧 …… 147

8.1 临时电路 …… 148
8.2 永久电路 …… 148
8.3 焊接的方法 …… 150
8.4 供电电路 …… 151
8.5 电路组装的总结 …… 152

9 电路实例 …… 154

9.1 二极管电路 …… 155
9.1.1 小信号二极管和整流器 …… 155
9.1.2 稳压二极管电路 …… 160
9.2 晶体管电路 …… 162
9.2.1 双极型晶体管电路 …… 162
9.2.2 结型场效应晶体管电路 …… 166
9.2.3 功率 MOSFET 电路 …… 169
9.2.4 单结晶体管电路 …… 172
9.3 晶闸管电路 …… 175
9.3.1 单向晶闸管电路 …… 176
9.3.2 双向晶闸管电路 …… 177
9.4 光子电路 …… 179
9.4.1 发光二极管电路 …… 179
9.4.2 半导体光探测器电路 …… 183
9.5 数字 IC 电路 …… 187
9.5.1 TTL 电路 …… 187
9.5.2 CMOS 电路 …… 192

9.6 线性IC电路 …… 199
9.6.1 运算放大器电路 …… 199
9.6.2 比较器电路 …… 202
9.6.3 电压调节器电路 …… 204
9.6.4 定时器电路 …… 206
附录 电路符号对照表 …… 211

1

电

闪电和干燥天气中手指与门之间产生的火花都是电，它们之间唯一的区别只是量的大小。这一观点是由本杰明·富兰克林用他著名的风筝实验最先证实的。

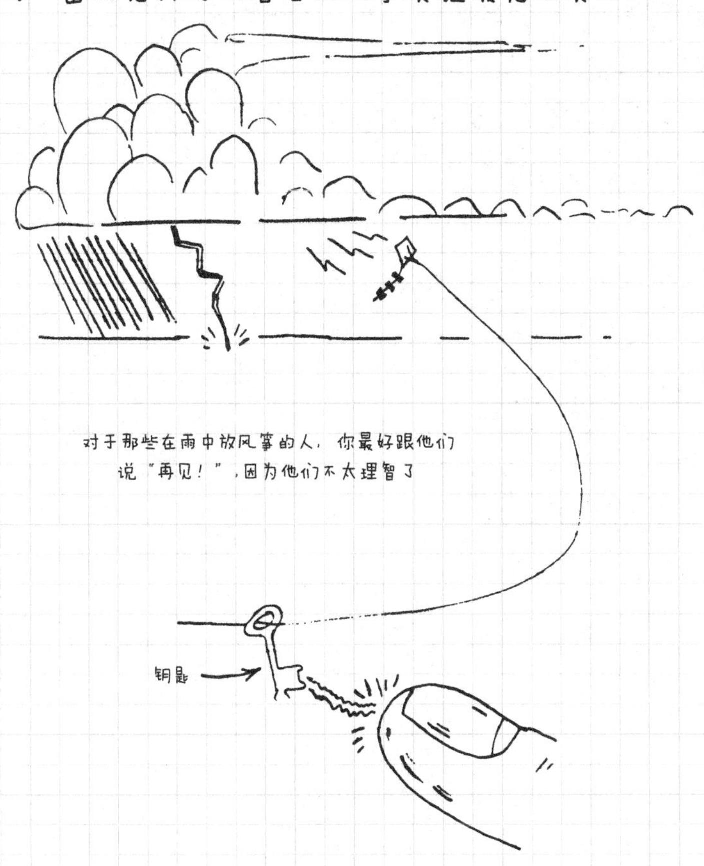

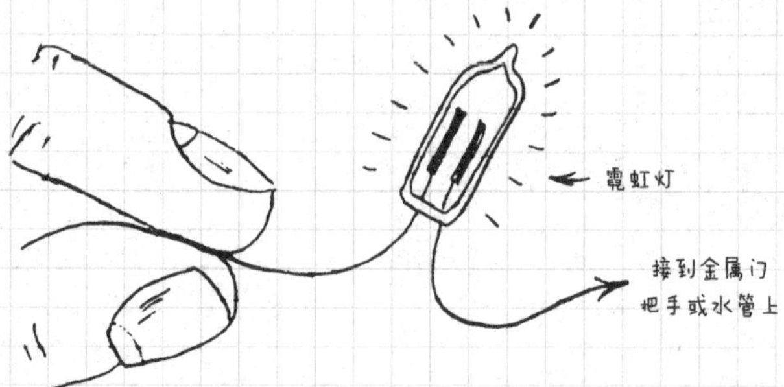

有一种很简便的方法来观察电并且不用被电击：抓住霓虹灯的一头，穿着胶底鞋走过地毯，然后将灯的另一头接触金属物体，会看到灯会闪烁（除非相对湿度较高）。

当然，你看不见电本身！你看到的是它通过空气和氖气在灯上产生的效果。例如这样的能直接观察到的由电产生的效果还有很多，如下图所示。

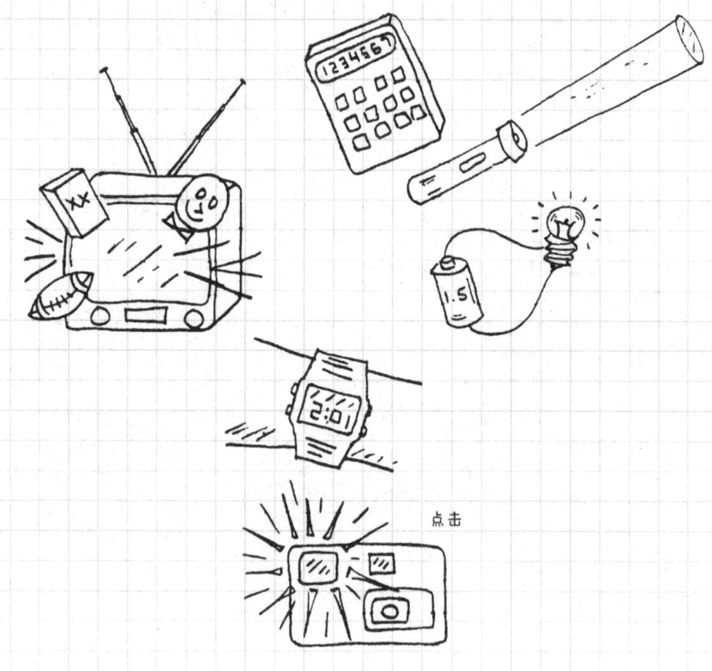

1.1 工作中的电

所有物质都具有电性质，这就是为什么在过去的几个世纪里科学家们能够发明出数百种能够产生、储存、控制和转换电力的小装置，这些装置结合起来将我们带到了…

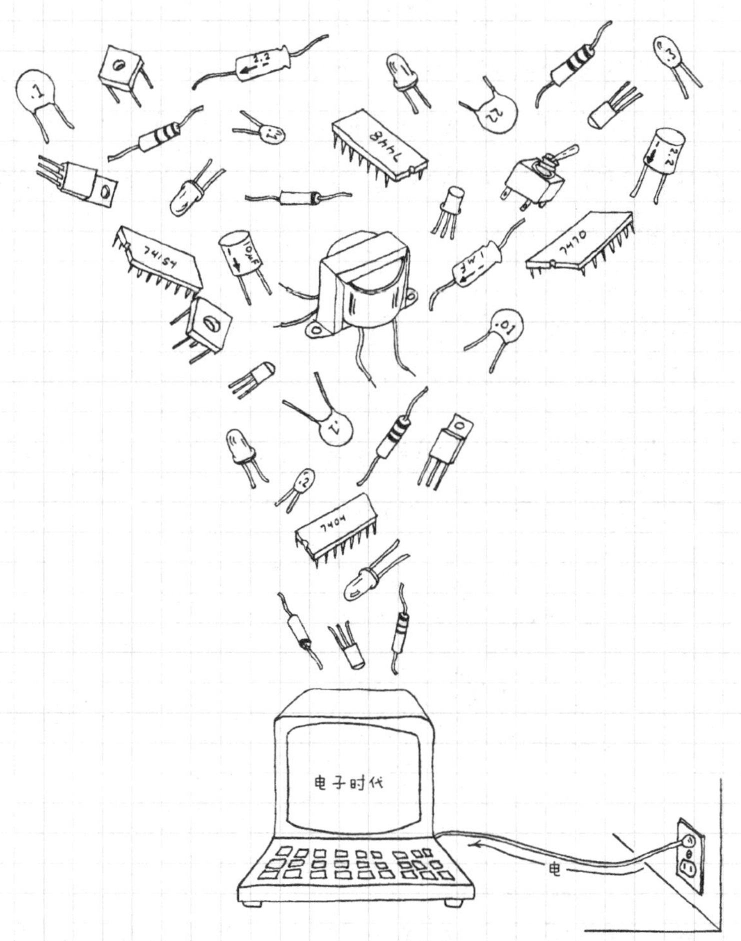

接下来，你会发现这些和更多的电子器件是如何工作的，并将学习如何在电子电路中使用它们。比如说光装置、定时器、放大器、数字电路、电源、发声器和更多其他电路。完成这本书后，你将能够识别并使用上一页所示的所有组件！它们包括变压器、二极管、电容器、寄存器、齐纳二极管、晶体管、电压调节器和集成电路。

如果你急于开始学习电子器件和电路，请跳到第2章。但当你有时间的时候，一定要学习本章的剩余部分。这样，你将学到一些电学方面的基本知识，这将为你的进一步学习打下坚实的基础。并且你将了解如何用普通家用材料创建和检测电。

1.2 基础知识

电荷是物质的重要组成成分，了解电的本质的最好方法是研究每个元素的最小结构——原子。

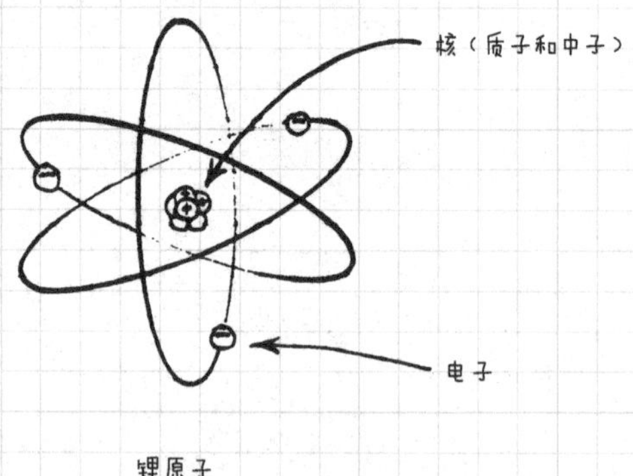

锂原子

这是一个锂原子，是继氢原子和氦原子后第三简单的原子，锂原子有三个电子，环绕着由三个质子和四个中子构成的原子核。

电子带负电荷。

质子带正电荷。

中子不带电荷。

（1）离子　通常一个原子具有相等数量的电子和质子。正负电荷相互抵消使得原子没有净电荷。大多数原子可能会丢失一个或多个电子，使得原子含有净正电荷，称为正离子。当一个丢失的电子与一个正常原子结合，原子就含有净负电荷，称为负离子。

（2）电子　自由电子可以通过金属、气体和真空高速运动，或者停留在一个表面上。

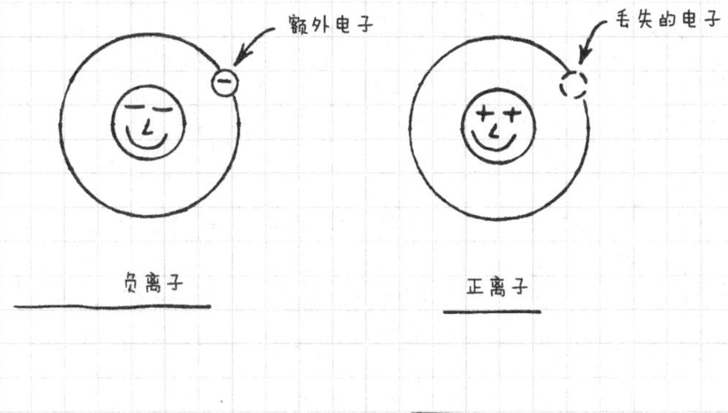

（3）自由电子　数以万计的电子可以在表面上停留，或者以接近于光的速度 3×10^8m/s 穿越空间或物质。

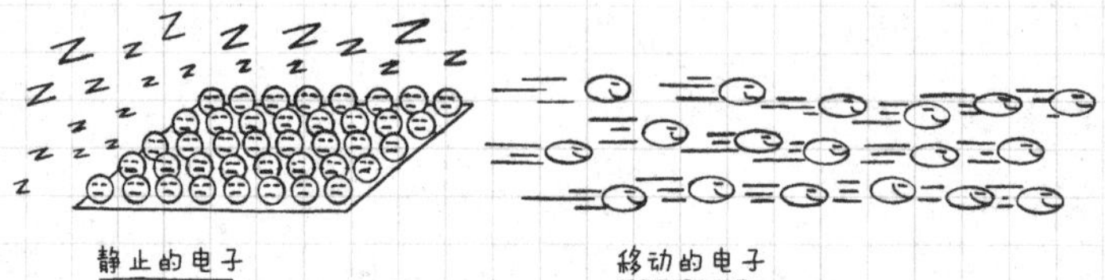

（4）静止的电子　表面上的一组负电子导致表面带有负电荷。由于电子不运动，故表面可以说是呈现负电性。

（5）移动的电子　移动的电子流被称为电流。静止的电子如果放置在正离子簇的附近则可以快速形成电流。带正电的离子会吸引电子填充“空穴”，（也就是丢失的电子留下的空洞）。

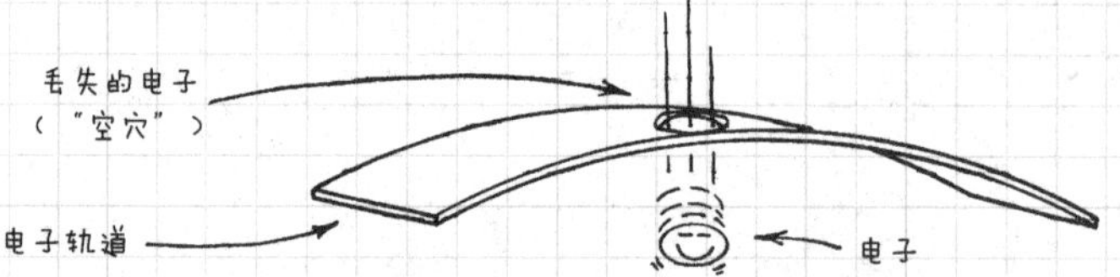

（6）电子丢失　机械摩擦、光、热或化学反应都可能使表面丢失电子。这使得表面带有正电荷。由于带正电的原子处于静止状态，所以表面是呈现正电性的。

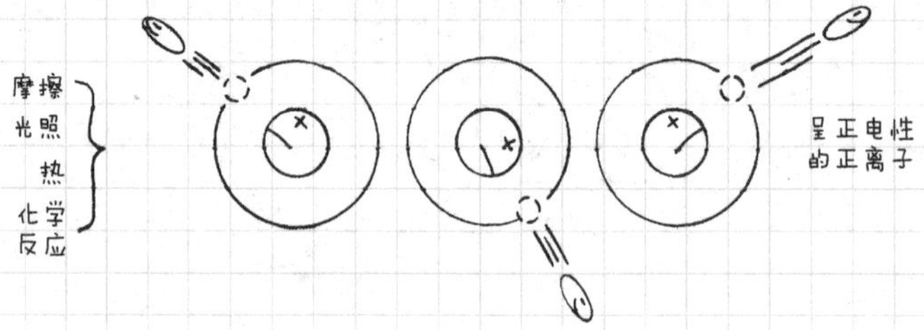

1.3 静电

当你走过地毯，撕开胶带，脱掉干燥的衣物时都会产生静电。如果不是在干燥环境下静电突然爆裂闪烁，你甚至都不会意识到它的存在。这些静电是由于机械摩擦产生的，早在公元前600年，希腊泰利斯就用琥珀与羊毛摩擦产生了静电。

（1）琥珀　很久以前，树液从树上流出并硬化成清晰的金色块状物被埋在泥土里。有时，在它硬化成琥珀之前，黏黏的汁液会粘到并埋葬植物、昆虫甚至水滴。作为一种天然铸造的塑料，琥珀很容易摩擦带电，然后吸引碎纸屑。

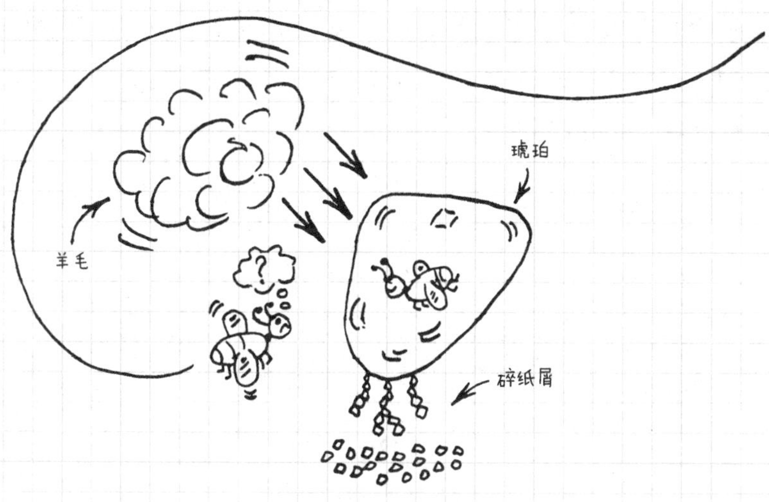

著名事例：电子一词是以希腊语中的琥珀命名的

（2）带电的塑料和玻璃　在干燥天气下用塑料梳子梳头发，电子将会从头发转移到梳子上。用丝绸或用合成纤维做的油漆刷摩擦玻璃棒，玻璃棒将会丢失电子。带负电荷的梳子和带正电荷的玻璃棒都可以像琥珀一样吸引碎纸屑。很多物体通过与毛皮、羊毛等摩擦都可以带电，但是金属不行，因为电荷会泄漏。

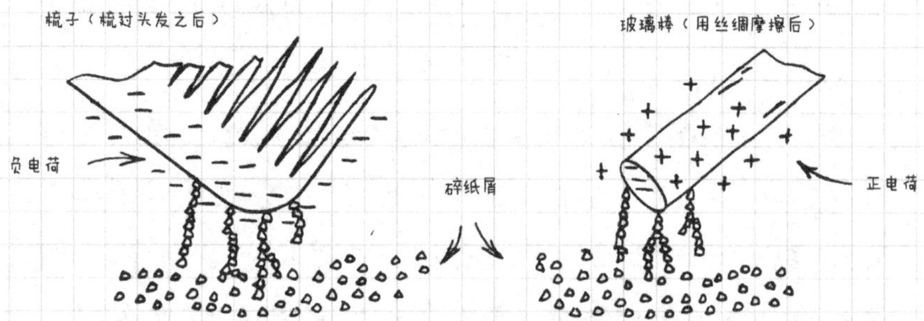

（3）同性相斥异性相吸　如何得知梳子和玻璃棒是带有相反的电荷呢？ 电学的基本法则是同种电荷互相排斥，异种电荷互相吸引。下面这个实验证实了这个法则并回答了这个问题。

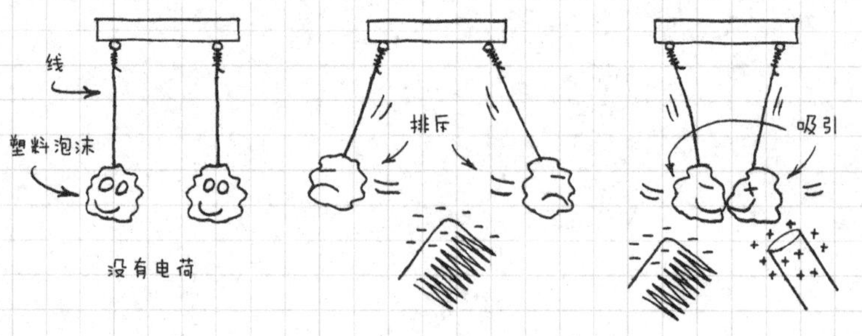

（4）验电器　第一个用来检测和测量静电的装置是

验电器，它非常容易制作。

在下图中，只要确保折叠的铝箔是干净且干燥的，当用带电的物品接触铜线时，折叠的铝箔两端就会带有同种电荷从而向两边分开。

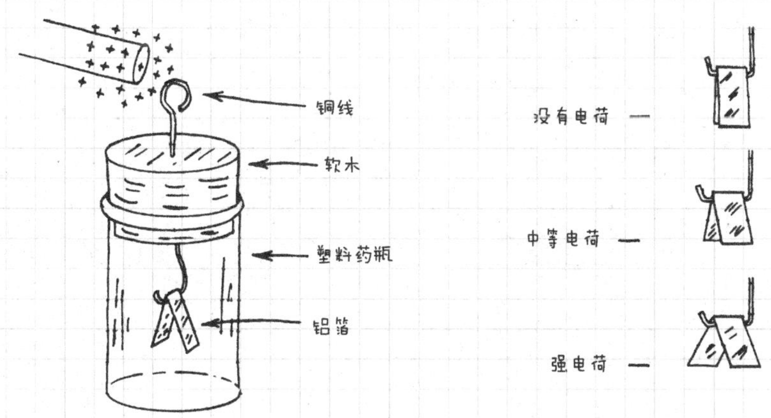

（5）导体和绝缘体　可以用验电器来证明电子可以通过哪些材料。注意：请在干燥的天气进行实验！　电子在潮湿的空气中将会有损失，所以在潮湿的天气中验电器中的电荷将迅速泄漏。

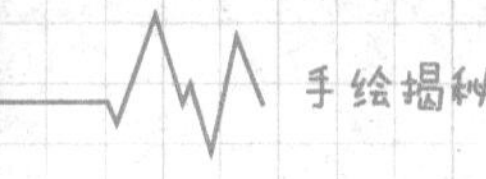

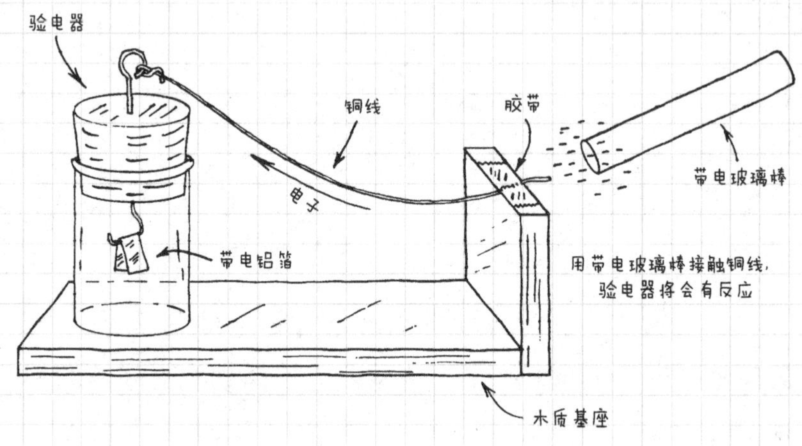

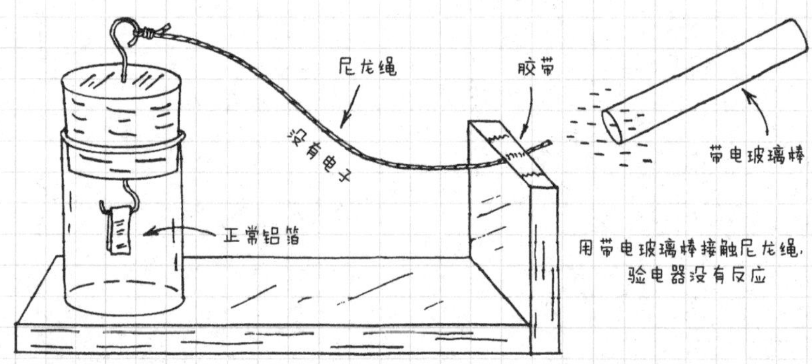

这个演示实验表明电子可以通过一部分材料，而不能通过其他材料。那些电子能通过的材料称为导体。那些电子传输很差或者不传输的材料都叫作绝缘体。

导体有银、金、铁、铜等。

绝缘体有玻璃，塑料、橡胶、木材等。

1.4 电流

导体和绝缘体的演示说明了两个关键点，即

1）固定的静电荷在导体中流动可以看作电流，并且使验电器的铝箔保持它的原有状态。

2）电流由高电势流向低电势。

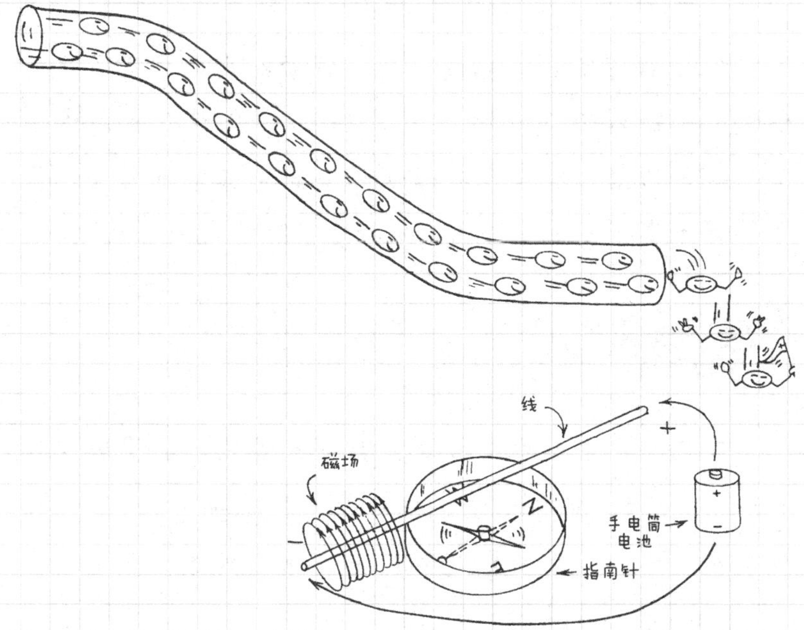

（1）磁感应　电流流过导线会在导线周围产生磁场。你看不到磁场本身，但是能看到它产生的效果。放置一个指南针，它的指针会指向北方，将一个铜导线与指针平行放置，并将导线与手电筒电池连接，这时指针将会远离南北方向指向（为了防止电池烧毁，只能进行短暂连接）。

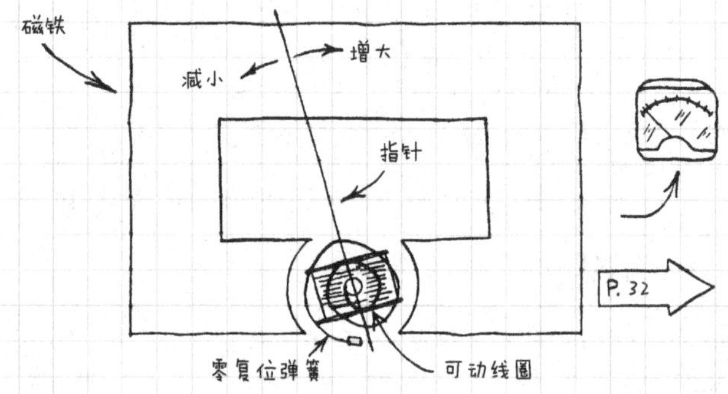

（2）测量电流　指南针的指针在磁场中的物理（或机械）运动提供了一种测量导线中电流大小的简便方法。这是动圈式电流表在模拟万用表中应用的基础。为了获得一个更高的灵敏度，可以将金属线绕成线圈。

1.5 直流电

电流在导体的两个方向上都可以流动。如果它只往一个方向流动，那么无论稳定电流还是脉冲电流，都叫作直流电（DC）。研究直流电的大小和功率等非常重要。以下是几个重要指标：

（1）电流（I）　电流是通过某定点的电子的数量，它的单位是A（安培）。1A是6280000000000000000（6.28×10^{18}）个电子一秒内通过该点。

（2）电压（V或E）　电压是电的压力，也称为电势。电压是电流流经导体两端形成的压力差。如果我们把电流与流过管道的水进行比较，那么电压就是水压。

（3）功率（P） 电流所做的功称为功率，功率的单位是瓦特。直流电的功率为它的电压乘以它的电流。

（4）电阻（R） 导体并不是理想的，它们在某种程度上会抵制电流的通过，电阻的单位是 Ω（欧姆）。一伏特的电位差会强制一安培电流通过一欧姆的电阻。导体的电阻等于它两端的电压除以导体中流过的电流。

（5）欧姆定律 给出任意两个值，用下面这些欧姆定律的公式便可以得到另外两个值：

$V = I \cdot R$

$I = V/R$

$R = V/I$

$P = V \cdot I$ 或 $I^2 \cdot R$

在后文中我们还将提到欧姆定律。

总结——下图所示为“用水来类比电”。

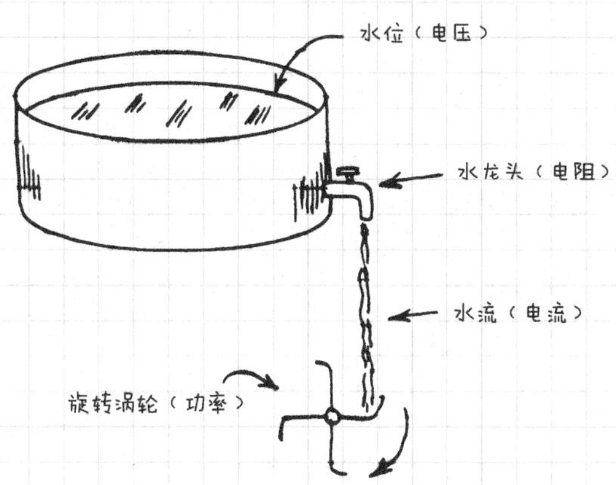

1.5.1 直流电的应用

直流电有非常多的用途，没有一本书能把它们都介绍出来。这里只介绍几种容易制作的单线圈。从秸秆的1.5~3英尺的部分开始缠绕至少30ft长、规格为30的漆包线，将线圈固定在适当的位置，并用砂纸磨去线圈两端的绝缘部分。

（1）电磁铁　将一个钢钉插入到线圈中，然后将导线连接到9V的电池上，这个钢钉将变成一块磁铁直到电源断开（之后它也可能会保留一些磁性）。

（2）电磁阀　这相当于一个“吸铁石”，给线圈充电，钉子会被迅速吸引到线圈内。

（3）发动机　这可能不是你想象中的发动机，但是这个设备符合字典中对这个词语的解释。使用一个重量轻的钉子，在钉子外缠绕线圈，调整线圈的高度可以使钉子上下跳动。

实际尺寸的两倍

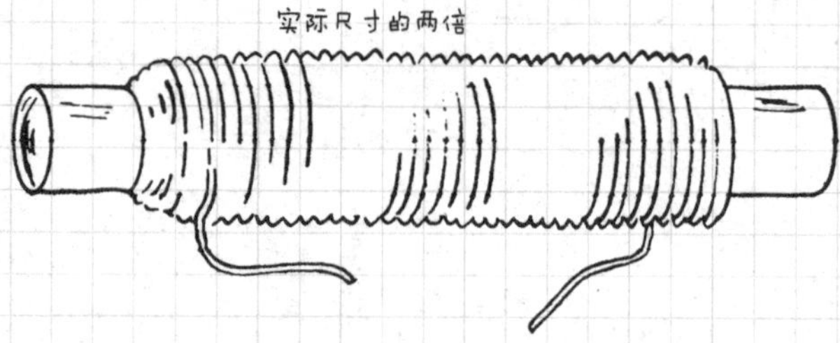

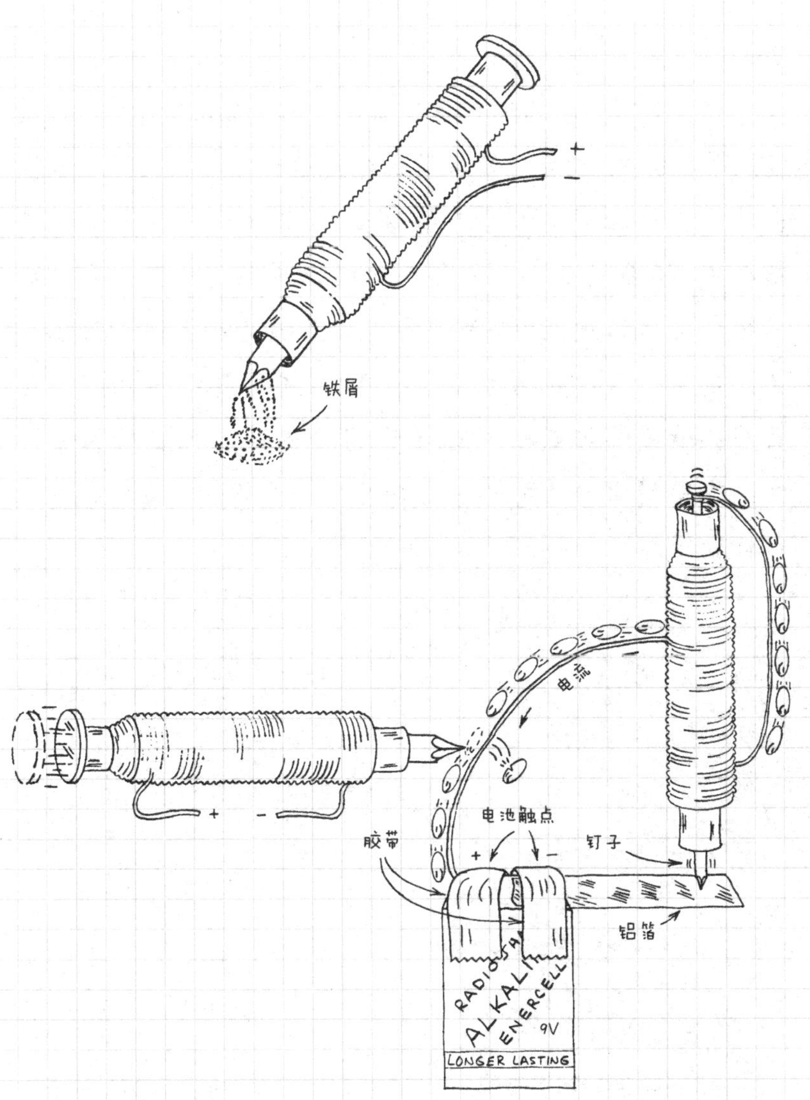

作业：用25个词来解释这件事实际上是如何运作的。

1.5.2 直流电的产生

产生直流电的方法有很多种，下面介绍几种最重要的：

化学电源——电解质是含有许多离子的化学溶液。将食盐溶解在水中，盐会分解成正的钠离子和负的氯离子。如果将两个不同的金属板浸入盐溶液中，正离子会向其中一个极板迁移，负离子则会向另一个极板迁移。如果将两个极板用导体连接起来，则电流会流过溶液（如离子）和导体（如电子）。这种方式产生的电池被称为湿电池。当电解液被纸张吸收或形成糊状物时产生的电池被称为干电池。这里提供一些可以自己制造的化学电源，希望读者从中找到乐趣。

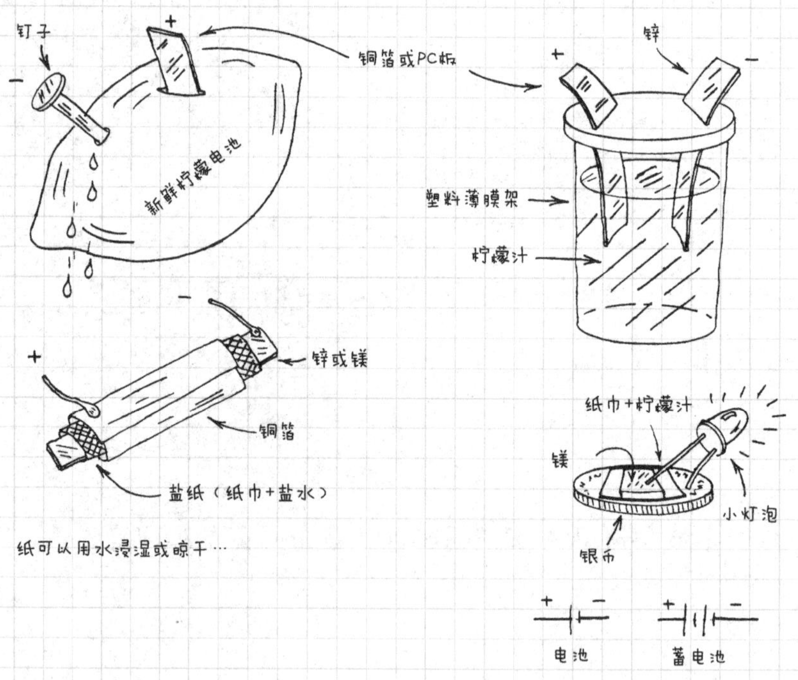

串联两个或多个电池可以形成蓄电池，它的电压等于

这几个电池电压的总和。

（1）电磁发电机　流过导体的电流会在导体周围产生磁场。这句话反过来说也是成立的，即穿过磁场的导体上会产生电流。用线圈和磁铁可以很容易地模拟电磁电流的产生（采用之前展示的正常工作的线圈）。将线圈的引脚连接到一个可以感应微安级电流的仪器上，在线圈中插入钢钉并来回摆动磁铁，仪器显示每次摆动都能产生几微安的电流，电流的极性（方向）在每次磁铁摆动的方向变化时发生变化。只需转动一个小型直流电动机的轴，你就可以拥有一个发电机。大多数的电动机可以产生一个高达几伏的电位差，再添加一个螺旋桨，我们就可以制造一个风力发电机。

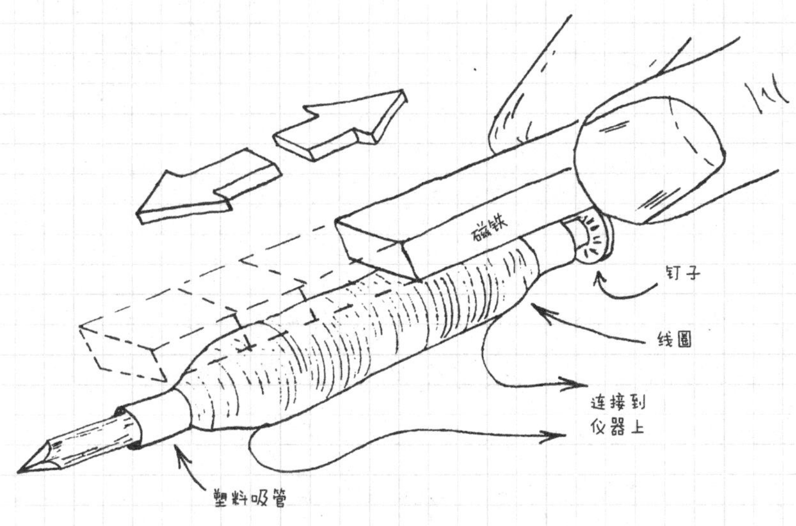

（2）热电发电机　其原理是两种不同金属的结点被

加热会产生电流。当铜线缠绕在一个钢钉的一端并用火柴的火焰加热时会产生千分之几伏的电压，铁和铜镍合金的结点会产生更高的电压（这便是塞贝克效应）。

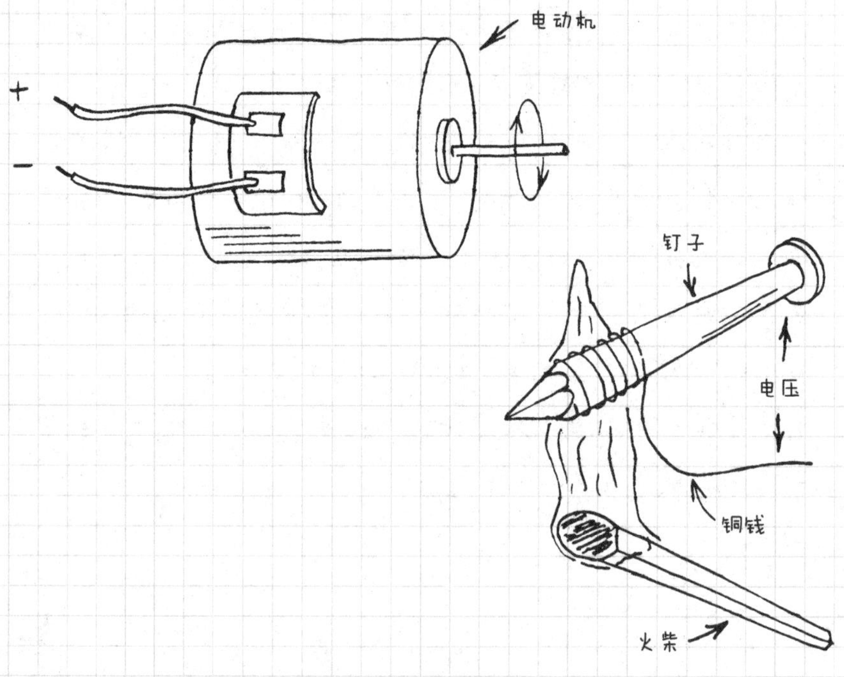

1.6 交流电

我们再回顾一下上一节提出的由自制线圈和磁铁构成的“发电机”。当磁铁沿着线圈的某一方向摆动时，导线中的电子也只朝一个方向移动，产生直流电。当摆动方向发生变化时，在磁铁没有远离线圈的情况下，电流的流向也会发生变化。因此，如果磁铁沿着线圈来回摆动，则将会产生方向和极性不断交替的电流，这叫作交流电。交流电（AC）通常是在磁场中旋转线圈产生的。

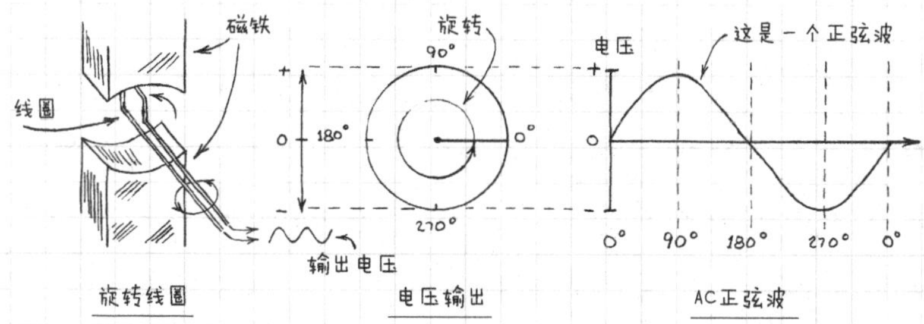

（1）正弦波测量　在同种工作环境下，通常指定AC电压值等于DC电压。对正弦波来说，这个值是峰值电压的0.707倍，也被称为RMS（方均根）电压。家庭线路电压是根据方均根值指定的。因此，120V的家用电压对应的峰值电压为120×1.41V或169.2V[㊀]。

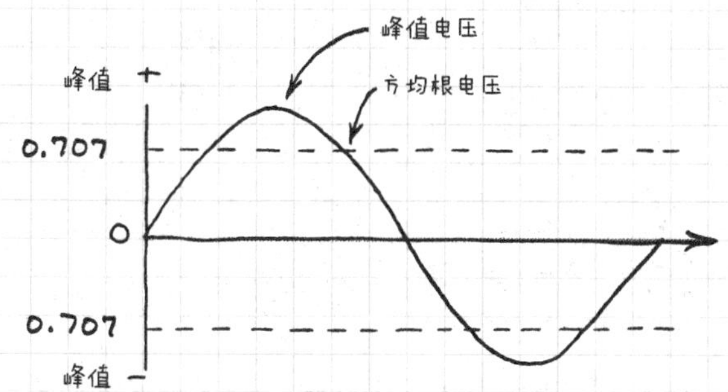

（2）使用交流电的原因　交流电比直流电更适合在较长的输电线路上传输。带有交流电的导线会在相近的导线上产生感应电流，这就是变压器的原理。

㊀ 我国交流电市电压为220V，其峰值为311.05V。

1.7 交流电和直流电的测量

通过一种叫万用表的设备，可以很容易地测量交流电和直流电的电压和电流。模拟万用表（也称指针式万用表）读取数据采用的是动圈式电表，数字万用表则采用数字输出。万用表是一种重要的电子测试仪器。

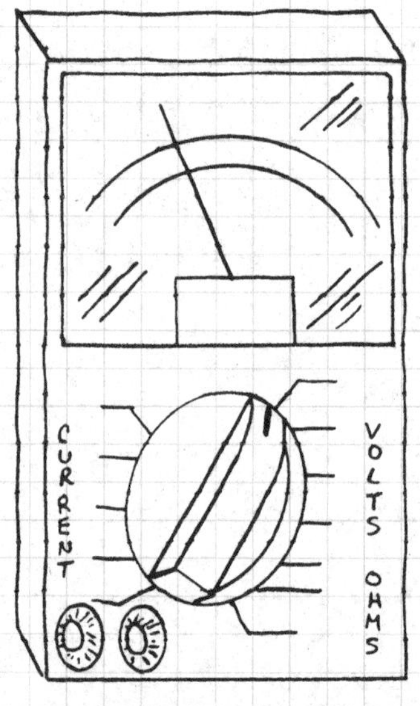

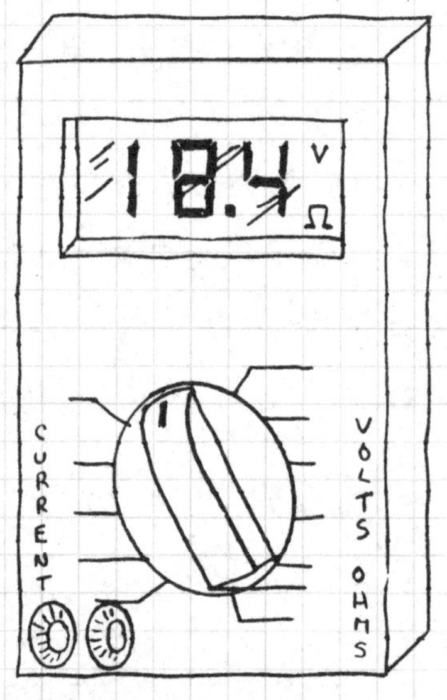

（1）模拟万用表　价格较低，没有数字万用表精确，常用于观察缓慢变化的电压、电流或电阻的变化趋势。

（2）数字万用表　比模拟万用表更加精确并且容易阅读，常用于测量精确的电压、电流或电阻的值。

（3）万用表的总结　万用表是不可或缺的。即使你对它只有一点兴趣，也应该考虑买一个，因为它在家中、工作中以及在使用电器和机动车辆时都会起到很大的作用。如果你想认真学习电子学，那么应该考虑买一个质量较好的高阻抗万用表，它对你要测量的设备或电路影响非常小。理想情况下，你应该同时拥有模拟万用表和数字万用表。

1.8 用电安全

电是致命的！如果你想有足够长的时间来研究电路，那么要把电看成值得敬畏的东西。在之后我们还会再次强调安全用电的事情。

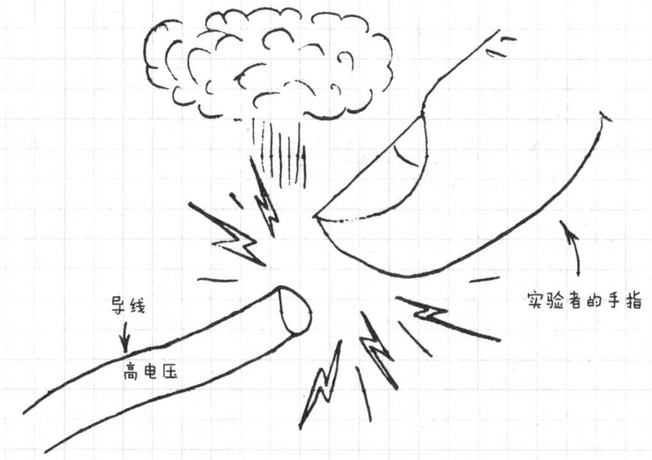

1.9 电路

电路是让电流通过的路径设计，它可以像电池连接小灯泡一样简单，也可以像数字计算机一样复杂。

（1）基本电路　这个基本电路由一个电流源（电池）、一个灯泡和两根连接导线组成。电路中执行工作的部分叫作负载，这里的负载就是白炽灯，在其他电路中，负载可以是发动机、发热器、电磁铁等。

（2）串联电路　一个电路可能包括多个元器件（开关、白炽灯和发动机等）。若电流在流过一个元器件前先流过了另一个元器件，则它们就形成了一个串联电路（箭头说明了电子的流动方向）。

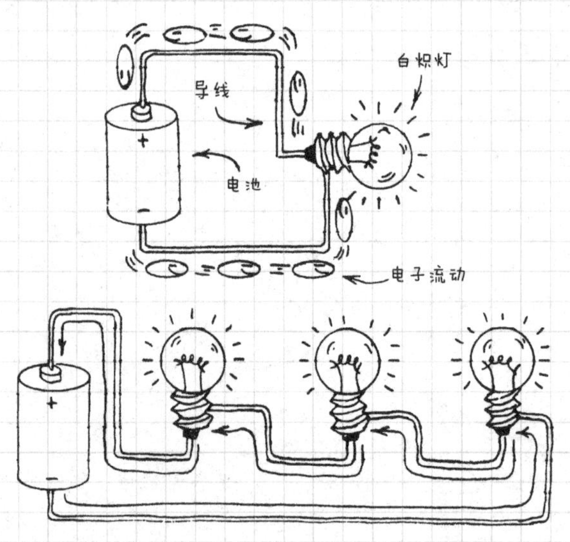

（3）并联电路　当两个或多个元器件连接在一起时，电流可以同时流过它们，而不必先流过哪个元器件，它们就形成了一个并联电路。

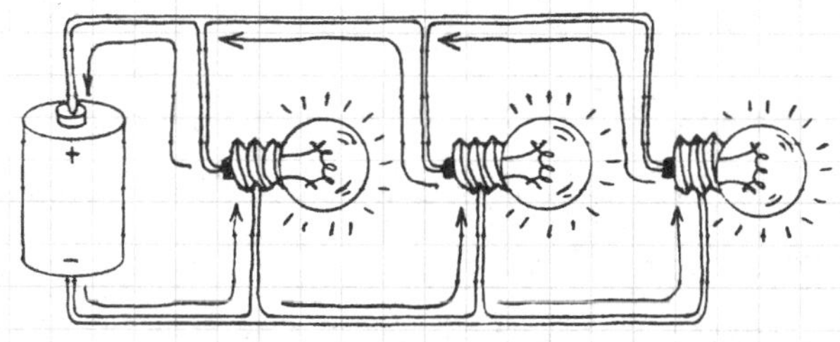

（4）串并联电路　大部分电路既包含串联电路，又包含并联电路。所有的元器件和电源之间的路径都是完整的。

（5）电路图　到目前为止，本书中所示的电路都已用图解形式加以说明。在接下来的几章中也会使用电路的图解版。在后文中，图解版将会使用电路图，元器件的图形将会使用元器件的符号图。

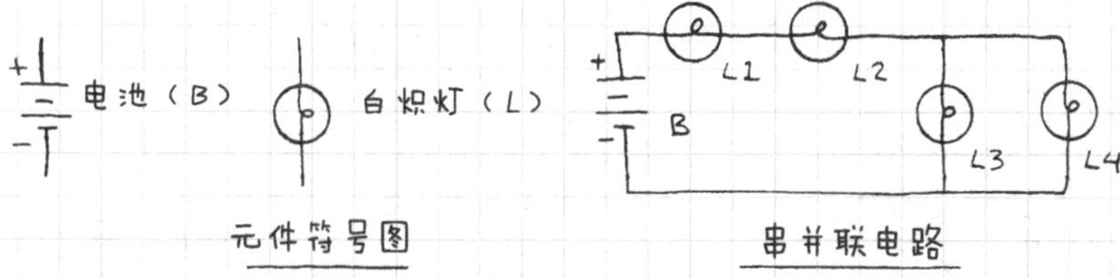

元件符号图　　串并联电路

（6）电路"短路"　当导线或其他导体出现与元器件并联的情况时，电路中的部分或者全部电流都可能被导体短接。像这样的"短路"通常是不应该存在的，它们会导致电池迅速失效，还会损坏导线和元器件。"短路"的电路甚至会产生足够的热量来点燃电线上的绝缘材料！注意：人体也能传导电流，因此，不慎接触电路也可能导致“短路”。如果电压和电流足够高，则人可能会受伤甚至遭受致命的电击。

（7）接地　交流线路是通过金属棒来接地的，或将电气设备的金属外壳连接到接地线上。这样可以防止非地线与金属外壳接触产生的触电危险。如果没有接地，则一个站在地面或潮湿地板上接触这个设备的人可能会遭受危险的冲击。接地也指电路中零电压的点，无论它是否与地面相连。例如，当前以及之前的电路中，电池的负（-）端可以被视为接地。

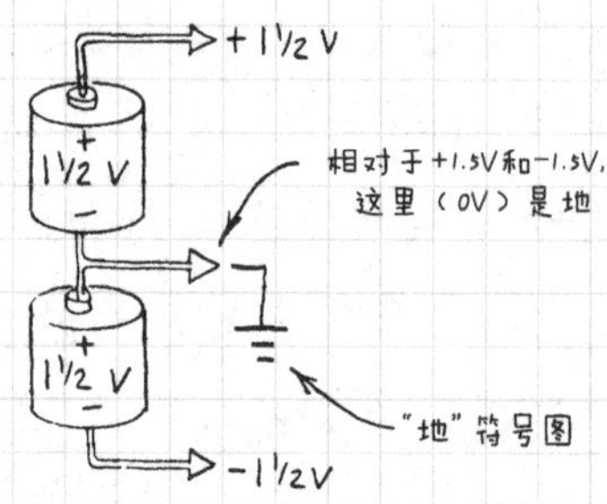

1.10 脉冲、波、信号和噪声

电子学是对电子行为及影响进行研究和应用。电子最简单的应用是直接使用交流电和直流电来驱动灯泡、电磁铁、发动机、电磁阀和类似设备。让电子流更易于控制和操纵，电子学不仅仅只有这些最基本的应用。

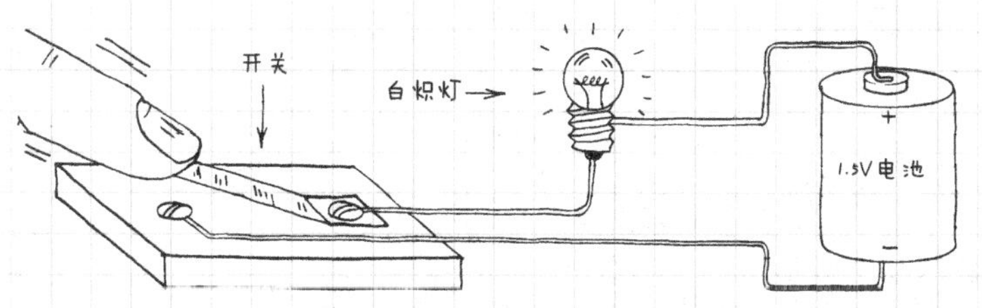

这个简单电路比最初出现的电路更有用，因为它可以通过将开关闭合的序列转换成白炽灯的闪烁来发送信息。

像这种模式的闪烁或脉冲可以用来表示声音这样的复杂信息。或者说声音可以转化成一定比例下的光亮度的变化。下图是一个简单的通过反射光来发送声音的方法。

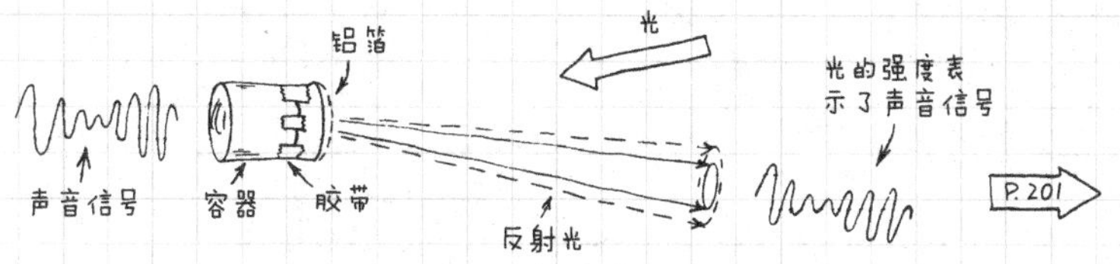

（1）脉冲　脉冲是电流突然和短暂的增减。理想的脉冲会有瞬间的上升和下降，但真实的脉冲并没有那么理想。

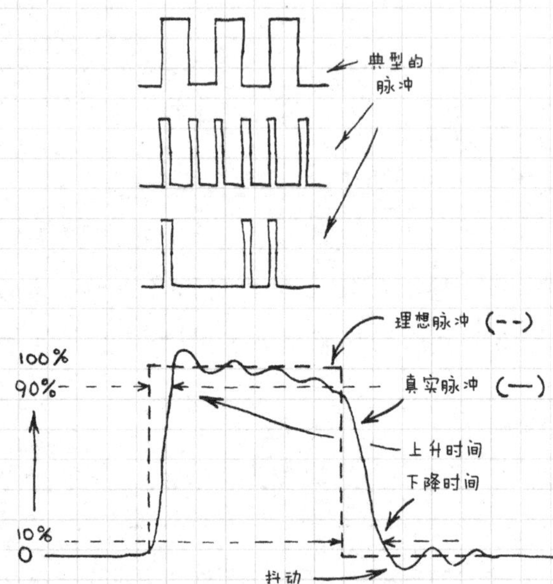

（2）波　波是电流或电压的周期性波动。波可能只有一个极性（DC）或者有正极和负极两个部分（AC）。波的种类很多，下图所示为其中几种。

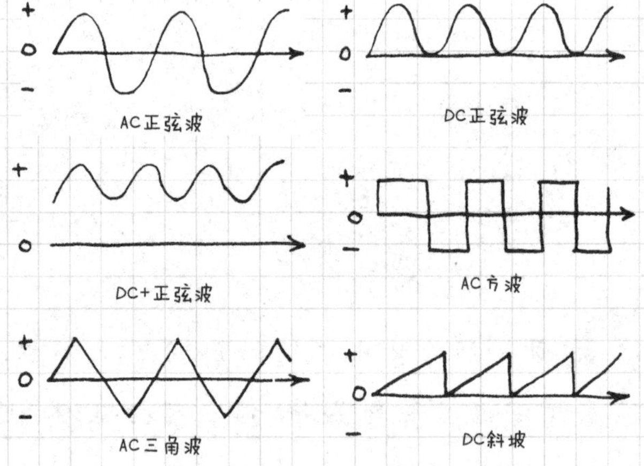

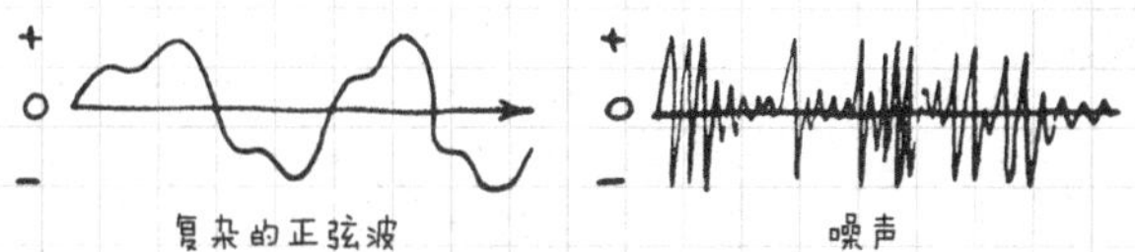

复杂的正弦波　　噪声

（3）信号　信号是传递信息的周期性波形。产生波形的过程称为调制。信号可以使交流电、直流电或者交流电和直流电混合起来。它们的敌人是……

（4）噪声　所有的电子设备和电路都会随机产生小的电流，当这些电流不被需要时，它们就被称为噪声。噪声可以通过由光照、汽车点火系统、发电机和电源线产生的电磁波进入电子电路。尽管噪声可能只有几百万分之一伏特和安培，但它也很容易掩盖一个同样低的电平信号。

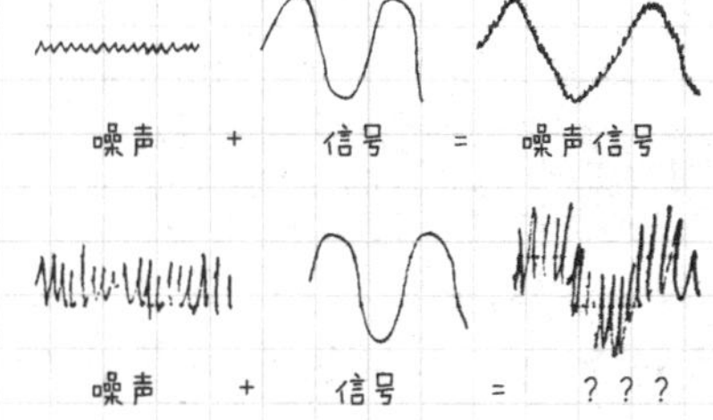

2

电子元件

由几十个不同的零部件组成的电路可以携带、控制、选择、引导、转换、存储、操作、复制、调节和利用电流。我们将用一个单独的章节来介绍那些非常重要的元器件的使用。在本章中，你可以找到所有你想要知道的元器件的相关知识。

2.1 电线电缆

电线用于传送电流。大多数电线是由低电阻金属（如铜）制成的。实心电线为单芯导体。绞合线是由两条或多条导线缠绕绞合形成的导体。大多数电线是由塑料、橡胶或漆绝缘覆盖保护的。镀锡的电线比较容易焊接。

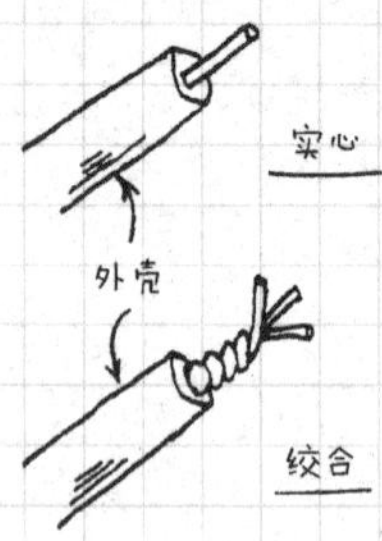

表 2-1 裸铜线规范

规格	直径/in	ft/lb	ft/Ω
16	0.05082	127.9	249.00
18	0.04030	203.4	156.50
20	0.03196	323.4	98.50
22	0.02535	514.2	61.96
24	0.02010	817.7	38.96
26	0.01594	1300.0	24.50
28	0.01264	2067.0	15.41
30	0.01003	3287.0	9.69

电缆拥有一个或多个导体，比普通导线绝缘性更好。同轴电缆可以携带高频信号（如电视）。

注意：负载电流不要超过额定电流。如果导线摸起来过热，那么说明它传导了过多电流，应该使用更大规格的导线或者减小电流的值，否则……

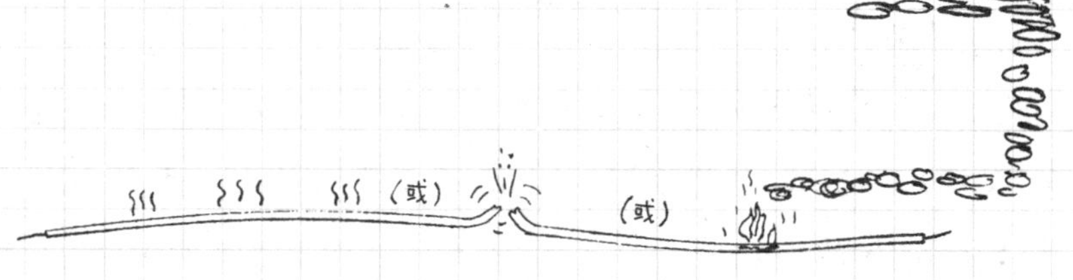

2.2 开关

机械开关允许或中断电流的流过，也可以用它们指导电流的流动方向。

（1）闸刀开关　最简单的开关。下图所示为一个单刀单掷（SPST）开关。

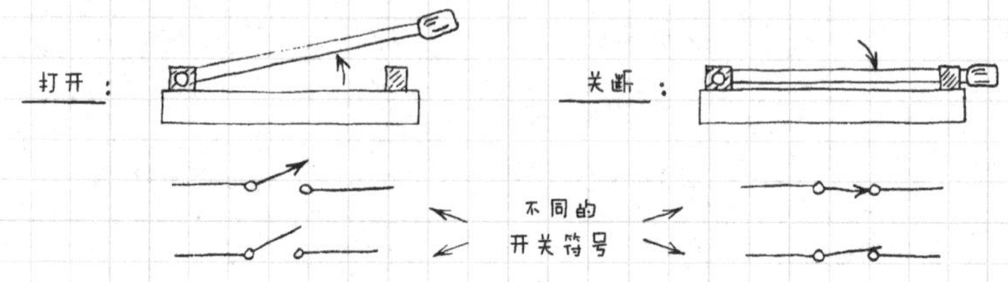

（2）多触点开关　下面是几种主要类型的符号图。

图所示为

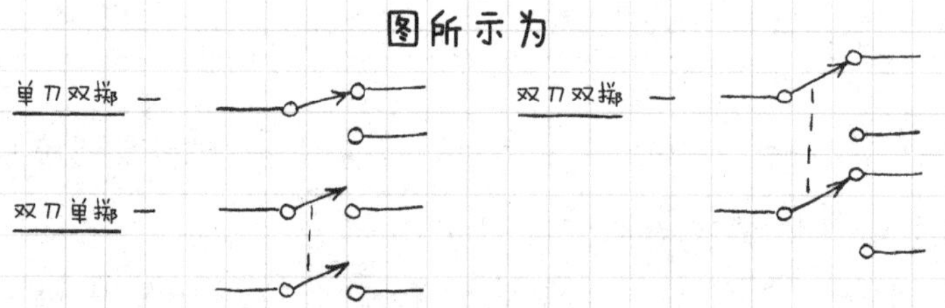

（3）按键开关　通常为单刀单掷，为常开（NO）或常闭（NC）。

负载弹簧

NO –　　NC –

（4）旋转开关　具有单极点和两个或更多触点的圆片状开关。触点的增加可以获得更多的极点，从而拥有更多变化的可能性。

（5）水银开关　通过一滴水银来闭合开关，对位置很敏感。

（6）其他开关　还有更多种类型的开关，比如旋钮开关、摇臂开关，液位开关，滑动开关，拨动开关，照明开关等。

2.3 继电器

继电器是一种电磁开关。在继电器中流过线圈的小电流会产生磁场，使开关触点靠近或远离另一个触点。

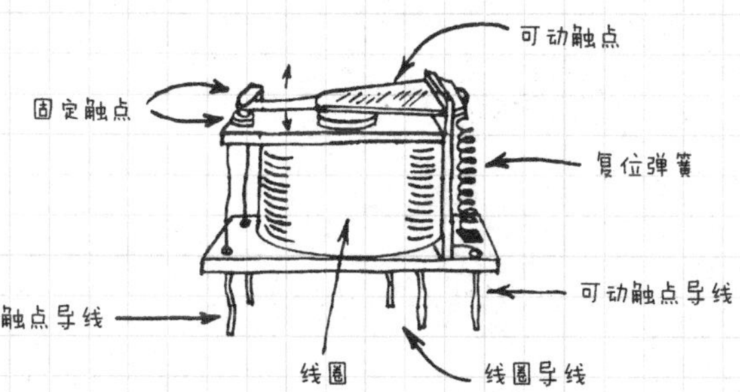

继电器接触点可以是单刀单掷、单刀双掷、双刀单掷、双刀双掷以及其他开关的操作方式。

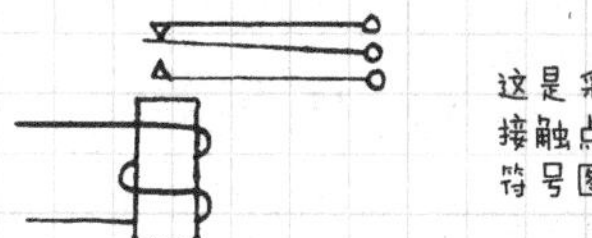

这是采用单刀双掷接触点的继电器的符号图

干簧继电器　封闭玻璃管罩着一对封闭的开关触点形成的簧片开关，磁场会使触点闭合，这就制成了一个非常简单的单刀单掷继电器。

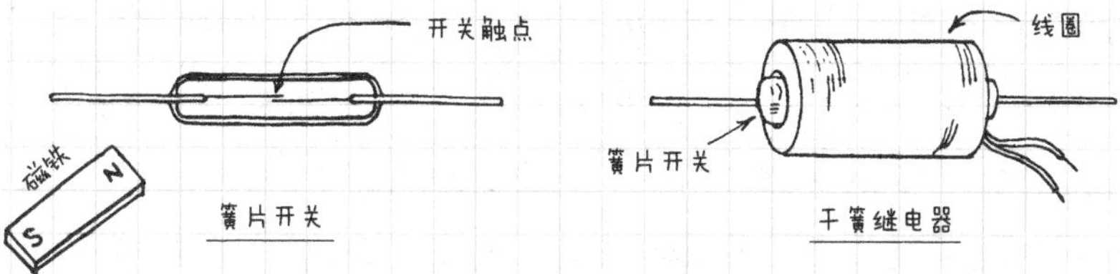

簧片开关

干簧继电器

2.4 动圈式电表

当电流通过线圈时，U形磁铁两极之间的线圈会旋转，这便是动圈式电表的原理。

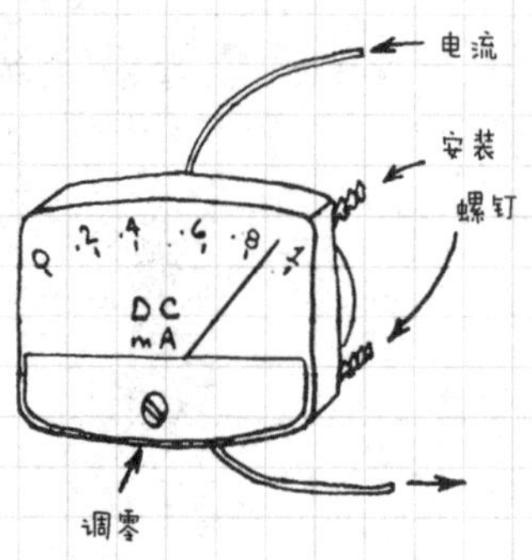

2.5 传声器和扬声器

传声器（麦克风、话筒）将声波的变化转化为电流的相应变化。声波的变化首先被转换成一种弹性薄膜或者被称为隔膜的薄片的来回运动。这些运动通过以下的方式引起电流的变化：

（1）碳　隔膜的运动改变了施加在碳粒上的压力，这将导致器件的电阻成比例的变化。

（2）动态　当隔膜运动时，一个小线圈会在磁场中运动，这将产生一个成比例的输出电流。

（3）电容器　隔膜的运动改变了两个金属板之间的距离，使得极板电容成比例的变化。

（4）晶体　用晶体的压电材料（当声波的压力使它弯曲时会产生电压）形成隔膜或是直接与隔膜连接。

扬声器可将电流或电压的变化转换成声波，最常见的是以下两种：

（1）电磁式　工作原理与动态传声器（麦克风）相似。事实上，电磁式扬声器可以当作传声器使用。

（2）晶体式　工作原理与晶体传声器相似。晶体式扬声器也可以当作传声器使用。

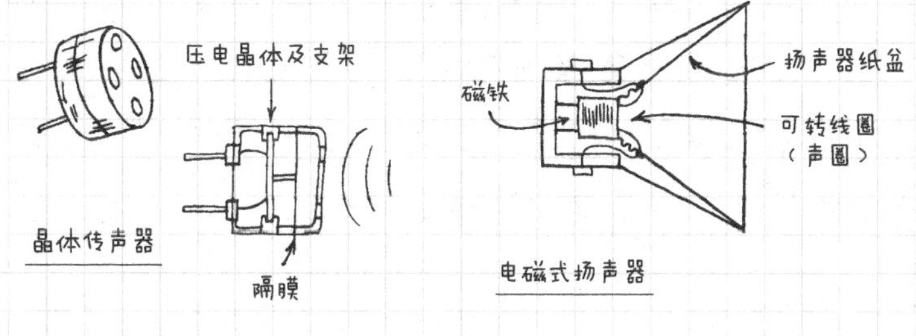

2.6 电阻器

电阻器（简称电阻）有多种大小和形状，但它们都做同样的事情，即限制（或抵制）电流。这个在后文中会有更多描述。首先，让我们来看一个典型的电阻是如何制造的。

“碳成分”是描述碳粉与胶状黏合剂混合的一种说法。这种电阻很容易制作。

通过改变碳粉与黏合剂的比值，可以改变电阻值的大小。碳成分越大，电阻值越小。

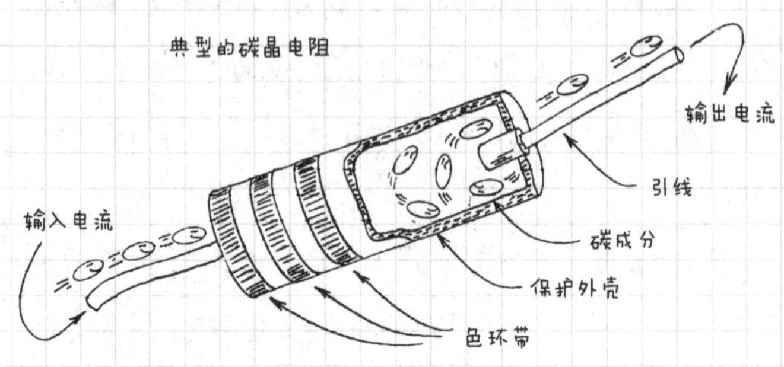

（1）DIY电阻　用软芯铅笔在纸上画一条线，你就可以得到一个电阻。用万用表的表笔来测量线或点的电阻。请将万用表的电阻刻度设置到最高。一条线的电阻可能太高而导致无法测量。如果是这样，那么可以在这条线上多画几次。下面是我测量的电阻：

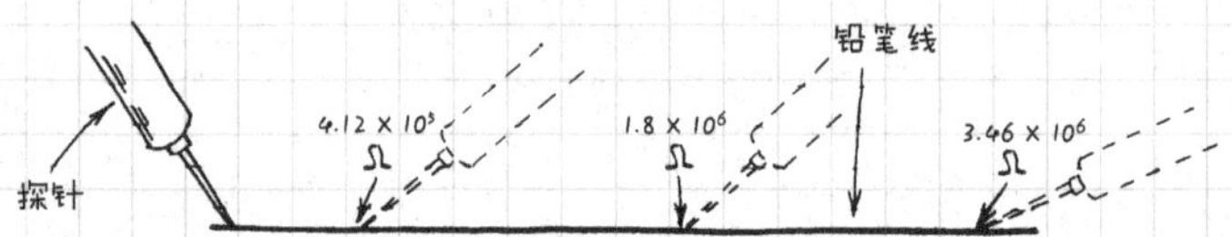

（2）电阻色环　看到那些电阻图上的色环带了吗？在现实生活中，它们很漂亮。但是它们还有更重要的作用：表示电阻的阻值大小。

下图所示为表示方法。

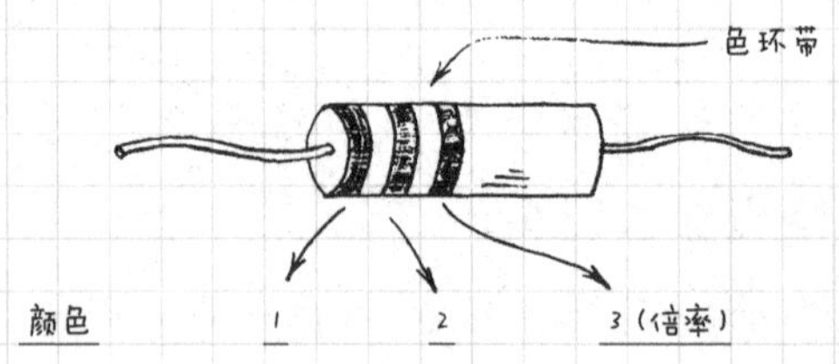

颜色	1	2	3（倍率）
黑色	0	0	1
棕色	1	1	10
红色	2	2	100
橘黄色	3	3	1000
黄色	4	4	10000
绿色	5	5	100000
蓝色	6	6	1000000
蓝紫色	7	7	10000000
灰色	8	8	100000000
白色（无）	9	9	（无）

注：有时还有第四条色环，它表示电阻的误差（或精度）：金色 = ±5%；银色 = ±10%；无 = ±20%。

这个初看有点复杂，但你很快就可以学会如何使用它。举个例子，如果一个电阻的色环是黄色、蓝紫色和红色，那么它的阻值是多少？黄色是第一条色环，所以第一个数字是4；蓝紫色是第二条色环，所以第二个数字是7；第三条色环是红色，所以它的倍率是100。所以，它的阻值是47 ×100Ω或4700Ω。没有第四条色环，表示实际的阻值是4700 ±20%，4700的20%是940。因此，这个电阻的实际阻值是在3760～5640Ω之间。

（3）替代电阻　如果你需要一个6700Ω的电阻，但是你只能找到6800Ω的电阻，那你该怎么办呢？你可以在所需阻值的10%～20%以内使用任意阻值的电阻。当一些特定电路需要更高精确度的电阻时，它应该提前告知。当然你也可以通过串联或并联两个或多个电阻来组成合适的电阻。这个在之后会有详细的介绍。

（4）电阻替换注意事项　大量电流通过电阻会导致电阻过热，因此要选用具有合适额定功率的电阻。如果工程中的电阻没有指定额定功率，则通常选用1/4W或1/2W的电阻。

（5）电阻简记　通常你会看到k或M为后缀的电阻值，像47k或10M。其中k表示kΩ（千欧），在数字后表示1000。因此，47k表示47 $\times 10^3$ 或者47000。M是MΩ（兆欧）或1000000Ω的缩写。因此，1M电阻的阻值为1 $\times 10^6$ 或者1000000Ω。总而言之

$$k = \times 1000\ (47k = 47 \times 1000 = 47000\Omega)$$

$$M = \times 1000000\ (2.2M = 2.2 \times 1000000 = 2200000\Omega)$$

（6）其他类型的电阻　碳晶电阻只是主要电阻中的一种。下面介绍其他电阻：

1）金属膜电阻。使用金属薄膜或金属粒子混合物实现各种阻值的电阻器。

2）碳膜电阻。通过在小的陶瓷圆柱上沉积碳膜形成，螺旋槽切割碳膜，通过控制导线间的碳长度来改变电阻值。

3）线绕电阻。由电阻丝缠绕在管状物上形成，这种电阻非常精确并且耐高温。

4）光敏电阻。也被称为光电池，由光敏材料（如硫化镉）制成。随着光照强度的增高，其电阻值减小。后续章节会有详细描述。

5）热敏电阻。是一个对温度敏感的电阻。随着温度的升高，电阻值减小（大部分情况下）。

6）可变电阻。通常情况下，改变电阻的阻值是很有必要的。可变电阻也称为电位器，它们可以用来改变收音机的音量、灯的亮度、校准电表等。电位器都配备一个塑料轮或槽状的微调口，可以用螺丝钉旋具来对它进行微调。

电阻符号图如下图所示。

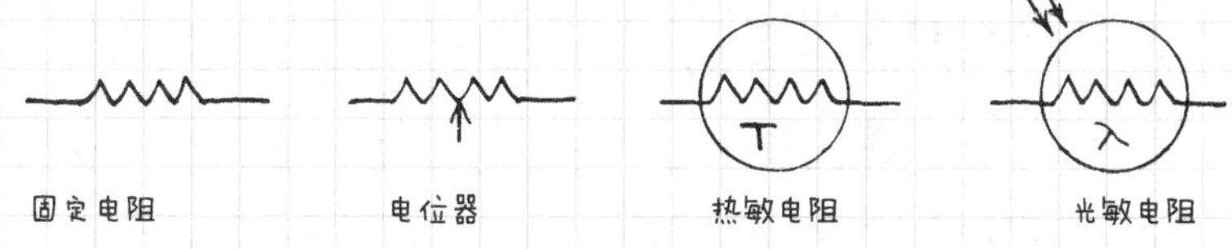

如何使用电阻

（1）串联电路　电阻像这样串联在一起：

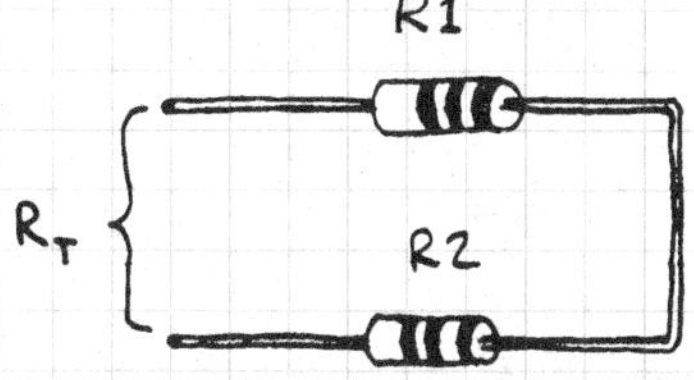

$R_T = R1 + R2$

总阻值为各个电阻值的总和。

（2）并联电路——电阻像这样并联在一起：

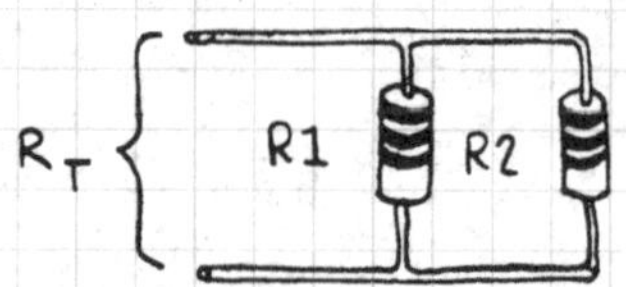

$$R_T = \frac{R1 \times R2}{R1 + R2}$$

总阻值为两个电阻值的乘积除以它们的和。

对于三个或多个电阻的并联，需用计算器进行计算，因为

$$R_T = \frac{1}{\frac{1}{R1} + \frac{1}{R2} + \frac{1}{R3} \cdots}$$

（3）分压　超级重要！ V_{OUT} 取决于 R1 和 R2 的比值。计算公式如下：

$$V_{OUT} = V_{IN}\left(\frac{R2}{R1 + R2}\right)$$

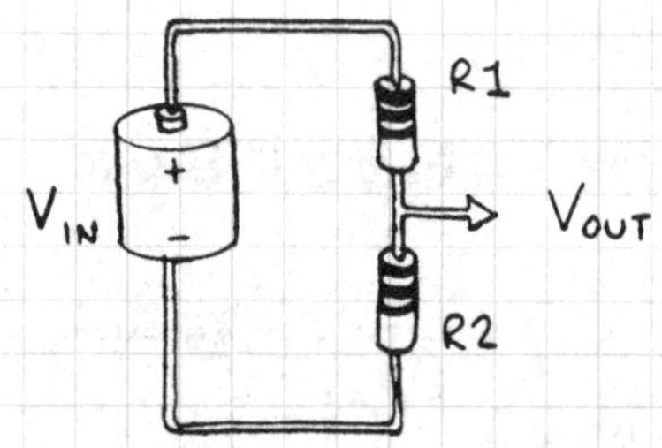

2.7　电容器

电容器（简称电容）有很多不同的类型，但它们的功能一致，即储存电子。两个导体由被称为电介质的绝缘

材料分开，便形成了最简单的电容，如下图所示。

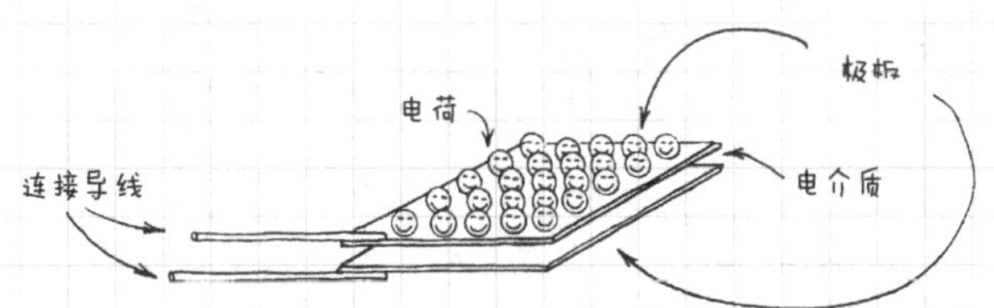

电介质可以是纸、塑料膜、云母、玻璃、陶瓷、空气或者真空。极板可以是铝圆片、铝箔或金属薄膜放置在固体电介质的两边。这个导体-电介质-导体的结构可以制成圆柱状或者保持平面状。更多种类的电容器将在后文中介绍。

如何制作一个电容呢？

可以用两张铝箔和一张蜡纸制成一个电容器，即将纸在其中一张铝箔上折叠，然后把它们像下图这样折在一起。

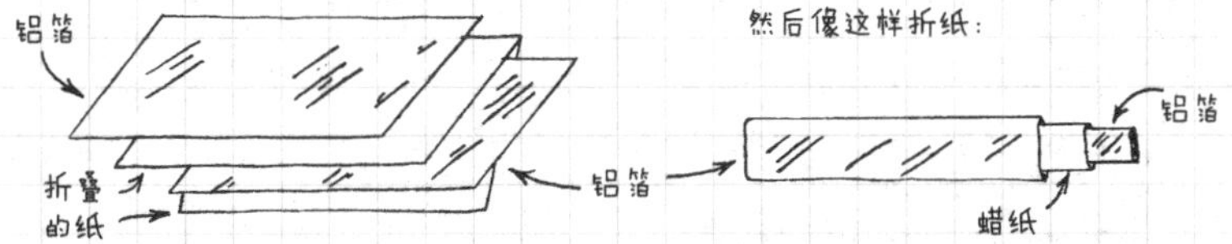

确保两张铝箔不要接触，并将铝箔暴露的一端短暂地接在9V的电池上，然后用高阻抗万用表的探针接触铝箔。万用表将在数秒内显示一个小的电压值，然后电压将会衰减到零。

（1）电容充电 自制电容器的负端几乎瞬间就能被电子充满。因为电阻可限制电流，所以可以通过在9V电池和电容器之间放置一个电阻来减缓充电时间。

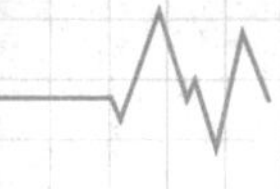

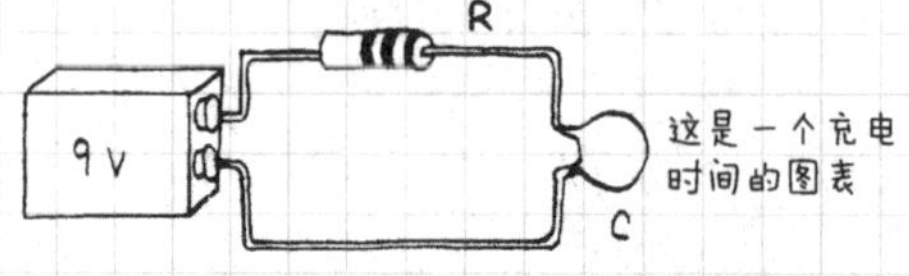

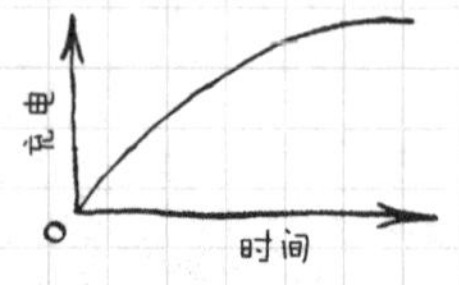

（2）电容放电　一个充满电的电容通过电介质会逐渐泄漏电子，直到两个极板有等量的电荷，这就是电容放电。通过将两个极板接在一起，电容可以快速放电，或者可以通过加一个电阻使得它的放电速度变慢。

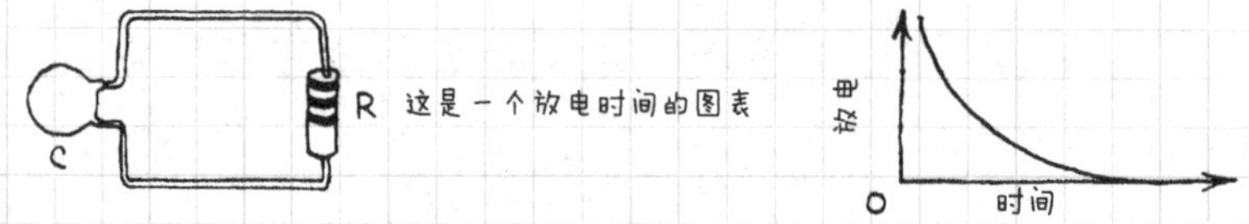

（3）特定电容　储存电子的能力被称为电容，电容的单位是F（法拉）。1F的电容连接到1V的电源上将储存 6.28×10^{18} 个电子。大多数电容具有更小的电容值，小的电容值用pF来表示，略大的电容用μF来表示。总而言之：

1法拉 = 1F

1微法 = 1μF = 10^{-6}F

1皮法 = 1pF = 10^{-12}F

（4）替代电容　大多数电容的电容值与实际电容值可能有5%～10%的误差，所以可以用与指定电容值相近的电容作为替代。但是，一定要使用额定电压最高的电容！

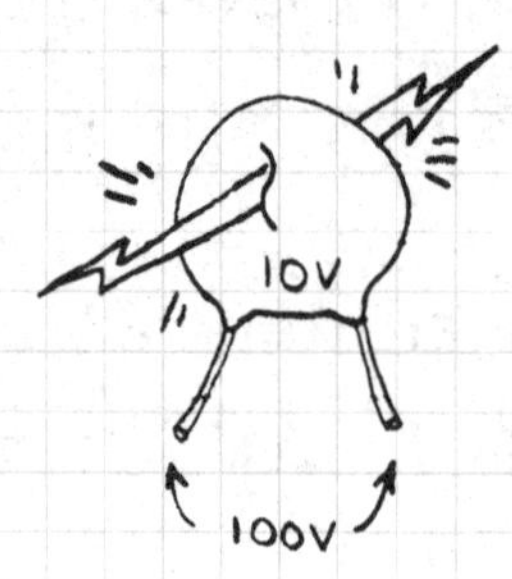

（5）电容替换注意事项　必须保证替代的电容达到或超过规定的

电压等级，否则它的电介质可能被存储的电荷击穿。额定电压通常写在电容器上，V表示电压，WV表示工作电压。

（6）电容的种类　电容经常用它们的电介质来进行分类，因此有陶瓷、云母、聚苯乙烯以及其他更多种的电容。这些电容的值都是固定的，有些电容有一个可变的电容值，还有一些特殊的固定值电容具有比其他电容更大的电容值。下面介绍其中一部分。

1）可变电容。它们通常有一个或多个固定极板以及一个或多个可动极板，通过旋转可动极板一侧的杆可以改变电容值的大小。

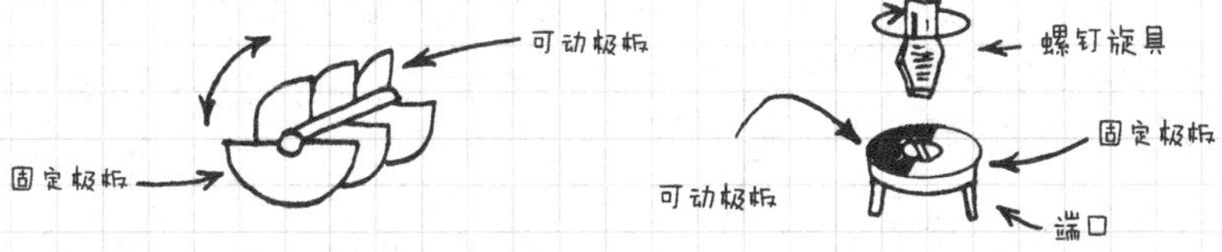

右图所示电容可用来调试无线电的接收机和发射机，它的电介质通常是空气。

右图所示电容可用来调试振荡器，比如用于数字手表的振荡器，因为它们很小。

2）电解电容。它的特点在于电介质是在铝或钽箔上形成的薄氧化层。相比非电解电容，它具有更高的电容值。钽电解电容比铝电解电容具有更大的电容量和更长的寿命，但是它们的价格也比较高。大多数电解电容是有极性的，它们必须按照固定的方向连接到电路中。

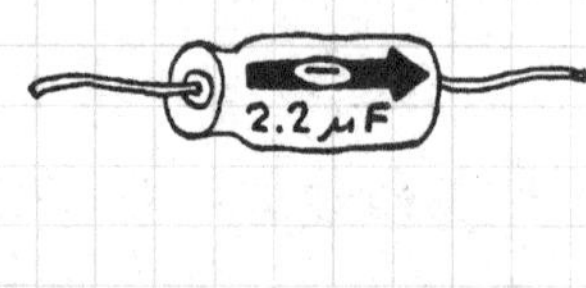

正极的引脚必须连接到正极的连接点上。

1. 电容符号图

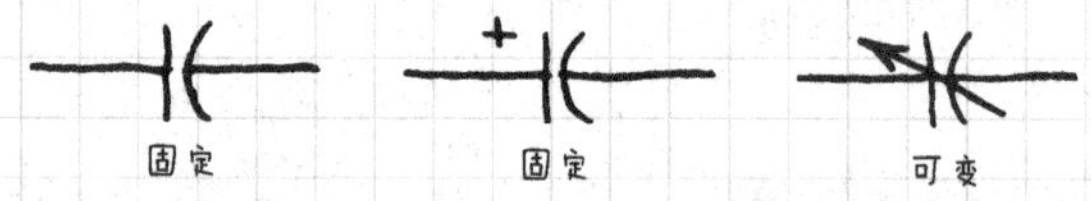

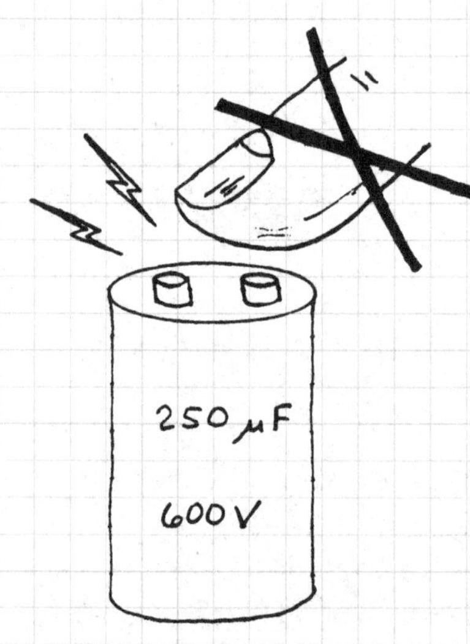

注意：在断电后的相当长的一段时间内，电容中仍有电荷储存，这些电荷很危险。一个大的电解电容仅充电5V或10V就可以将放置在其端口上的螺钉旋具熔化。

像用于电视机和闪光灯的大电压的电容存储的电荷足以致命，千万不要触碰这种电容的引脚，它振动一下至少能把你甩过一个房间。

2. 如何使用电容

(1) 并联电路　通常电容像这样并联在一起，总电容值为各个电容值的总和。

$$C_T = C1 + C2$$

(2) 串联电路　有时电容像这样串联在一起，总电容值为两个电容值的乘积除以它们的和。

$$C_T = \frac{C1 \times C2}{C1 + C2}$$

对于三个或多个电容的串联，计算公式如下：

$$C_T = \frac{1}{\frac{1}{C1} + \frac{1}{C2} + \frac{1}{C3} + \cdots}$$

(3) 补充　还有更多使用电容的方法，接下来我们会介绍其中的几种。

2.8　电阻和电容的应用

电阻和电容是许多电子电路的关键部件，下面介绍一些它们的关键用途。

（1）电源滤波器　一个电容可以把电源中的脉冲信号过滤（滤波）为稳定的直流电流（DC）。

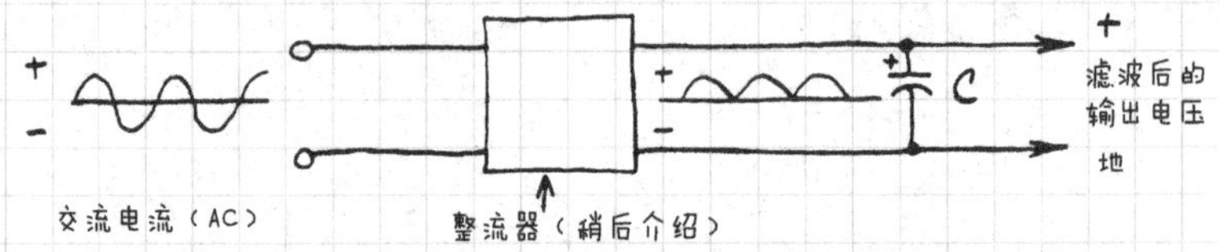

（2）滤除尖峰　在稍后要介绍的数字逻辑电路中，当电平从低到高变化时，会短暂消耗大量电流，反之亦然。这会使得附近电路的电流暂时性大量减少。这些尖峰电流（有时也叫"毛刺"）可以通过在逻辑电路的电源两端放置小电容(0.1μF)来消除。

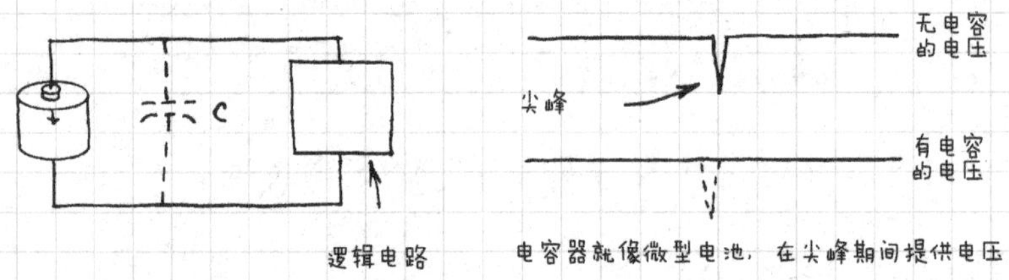

电容器就像微型电池，在尖峰期间提供电压。

（3）交直流选择滤波器　通常一个电信号携带一个稳定的直流信号。例如，光波通信系统的信号在黑暗时可能是左边图中这样的，但是光照导致它变成右边图中这样。

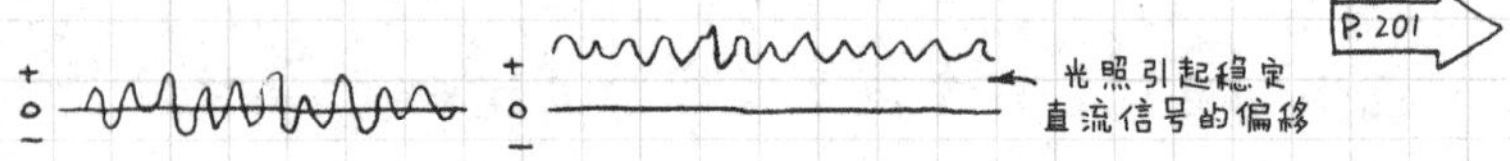

电容可以让交流信号通过，而会阻挡稳定的直流信号。

（4）RC电路　这两种结合了电阻（R）和电容（C）的电路都非常重要，它们分别是积分电路和微分电路。这两种电路都被用来重塑输入的波形或脉冲。

这些电路中R和C的乘积被称为RC时间常数。在下图所示的电路中，RC时间常数（在时间上）至少是输入周期或脉冲之间的时间间隔的10倍。

1）积分电路。下图所示为最基本的RC积分电路。

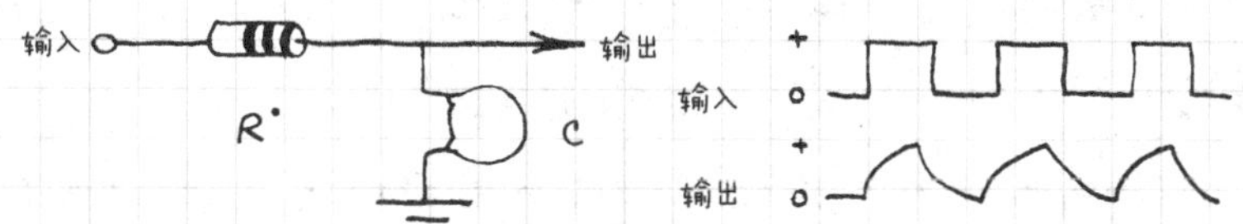

如果输入脉冲加速，则输出波形（通常称为锯齿波）将不会达到最高值（振幅）。设计一个放大器，可以忽略小于所需振幅的波，这样，积分电路在功能上可以看作是一个仅通过特定频率以下信号的滤波器。

2）微分电路。下图所示为最基本的RC微分电路。

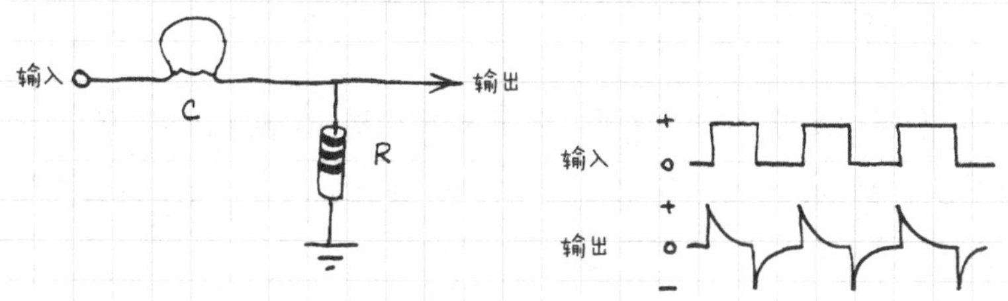

该电路产生具有正负尖峰的对称的输出波形，被用来

制造电视接收机的窄脉冲发生器和驱动数字逻辑电路。

（5）关于RC电路的更多知识　你将经常在电路的参考值中看到RC时间常数。这表示电容器在充放电过程中，电压变化到原来的63.3%时所需要的时间。

2.9　线圈

电子在导线中运动会导致导线周围产生磁场。从第1章可以得知，电流通过一条被卷成线圈的导线时，会形成一个更大的磁场。用这个磁场可以制造电磁阀、发动机和电磁铁。线圈还有以下一些很重要的用途。

1）线圈会抵制流经它们的电流的快速变化，传递稳定的（直流）电流。下图中举了一些例子。

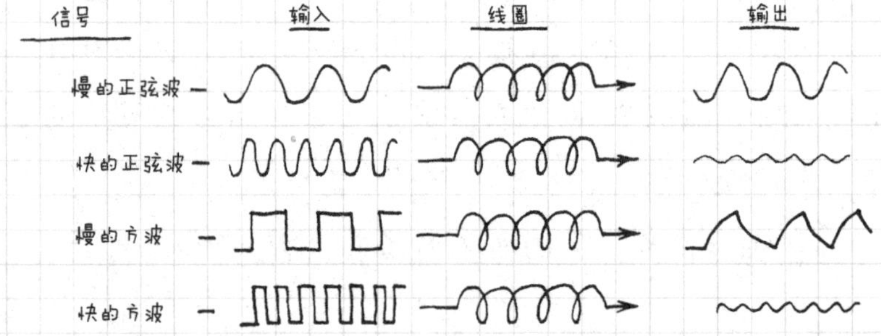

有时线圈还会给流经它的方波添加抖动，这可能发生在连接线圈两端的外部电流路径的阻抗较高的情况下。

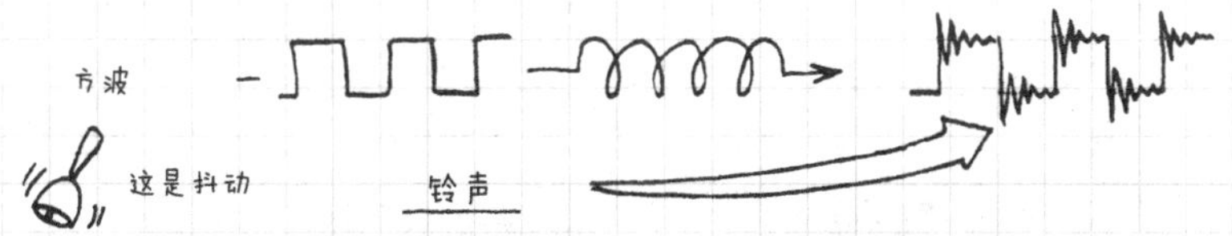

2）线圈周围磁场中的一些能量可以被感应（转移）至附近的线圈中。下图所示为变压器的工作原理。

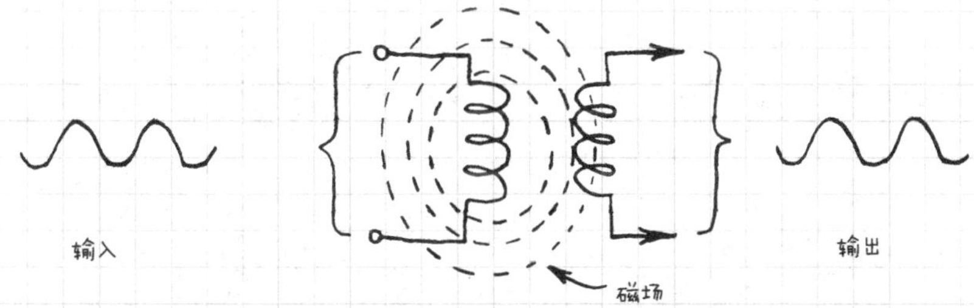

变压器的输入侧称为一次绕组，输出侧称为二次绕组。

线圈有很多种类型，下面介绍其中一部分：

（1）调谐线圈　无线电使用各种线圈来帮助选择需要的信号。调谐线圈有很多端口或者一个可移动的铁心，所以它们的电感（与当前变化相反）和共振频率是可以改变的。

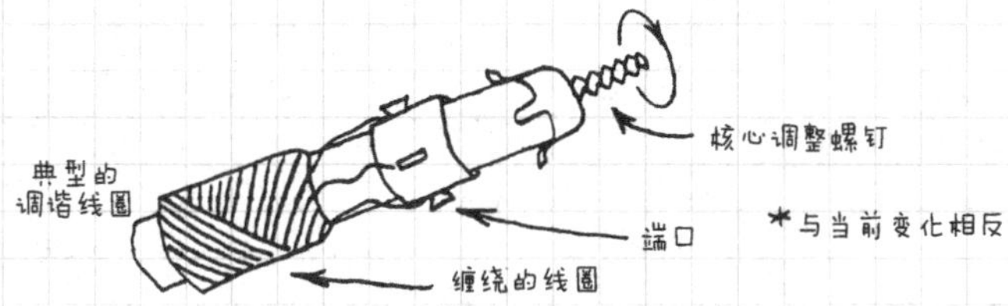

（2）天线线圈　收音机经常使用宽调谐线圈来接收无线电信号。

（3）扼流圈　在很多电路中用来抑制或限制稳定电流中的波动信号，扼流圈有很多外形和尺寸。

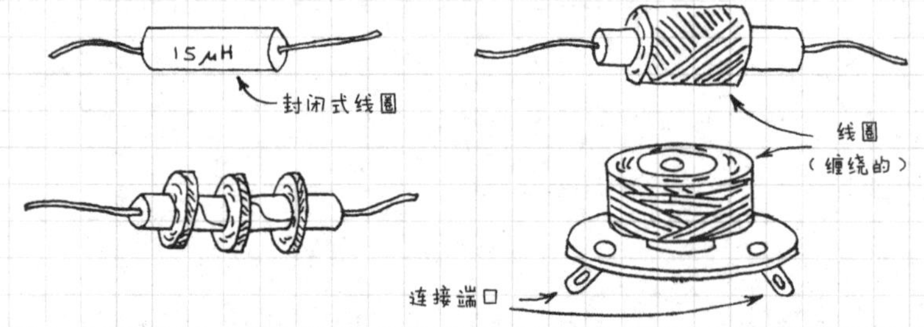

（4）变压器　十分重要，后面将会用一个完整的章节来讲述它。

除了上文已经提到的应用，线圈还可用在选通特定频率带宽的滤波器中。

注意：当通过扼流圈的电流突然消失时，扼流圈中会产生一个很高的电压，一定要注意安全。

2.10　变压器

变压器是一种很重要的线圈，它由两个或多个线圈缠绕在堆叠的铁片制作的核心上。下面是一个简单的变压器：

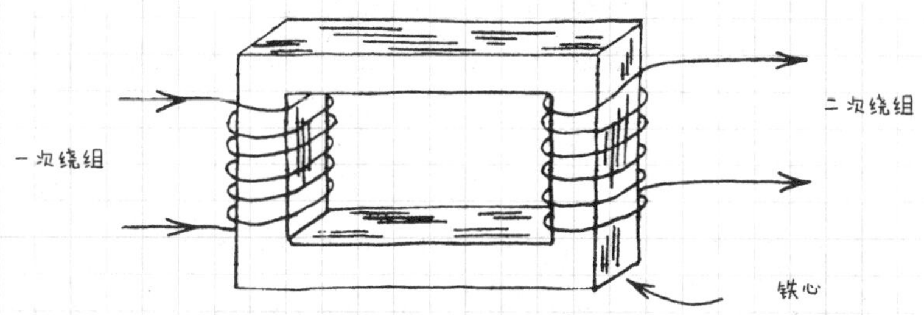

当一次绕组中流过一个波动的电流时，二次绕组中将会产生一个感应电流。一个稳定电流（DC）将不会从一个线圈转移到另一个线圈中。

（1）工作原理　变压器可以将电压或电流转换到更高或更低的水平，它们当然不会凭空产生能量。因此，如果一个变压器升高了一个信号的电压，那么它将减小该信号的电流。如果它降低了一个信号的电压，那么它将升高该信号的电流。换句话说，变压器的输出功率不能超过它的输入功率。

（2）匝数比　变压器一次绕组和二次绕组的匝数比决定了变压器的输入输出电压比。

1）1∶1的匝数比。

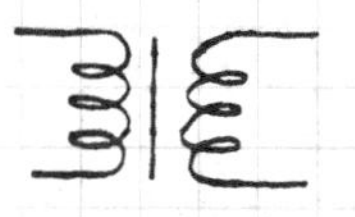

一次绕组的电压和电流不经任何改变转移到二次绕组称为隔离变压器。

2）升压。

电压通过线圈匝数比升高。因此一次绕组中5V的电压通过1∶5的匝数比可以将二次绕组中的电压升高到25V。

3）降压。

电压通过线圈匝数比降低。因此一次绕组中25V的电压通过5∶1的匝数比可以将二次绕组中的电压降低到5V。

（3）变压器的种类和应用　下面介绍几种主要类型的变压器：

1）隔离变压器。

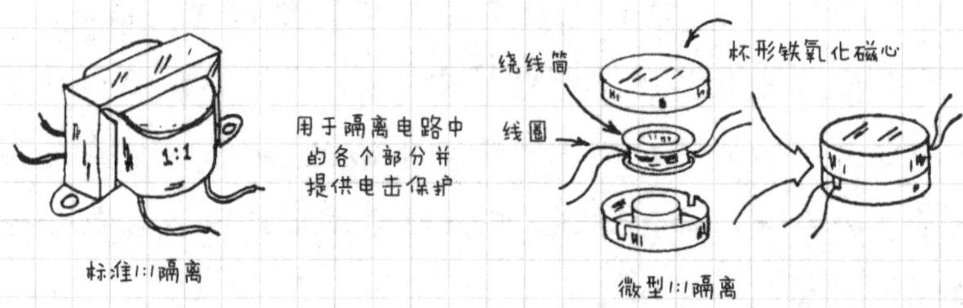

标准1:1隔离

微型1:1隔离

2）功率转换。

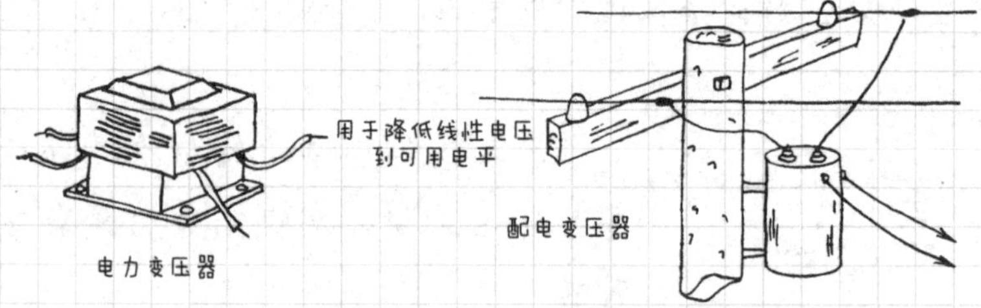

电力变压器

配电变压器

3）高电压.

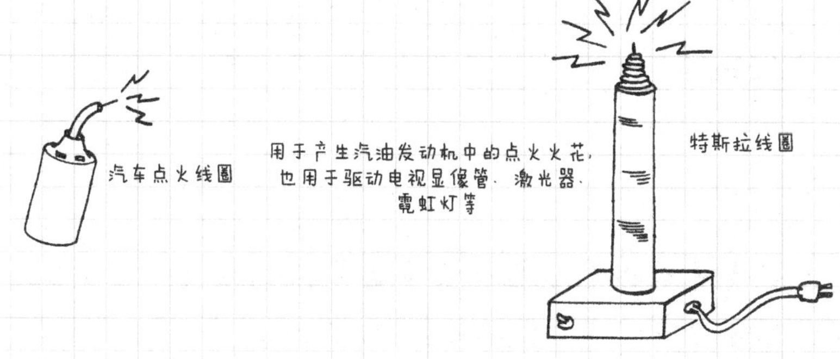

4）音频.

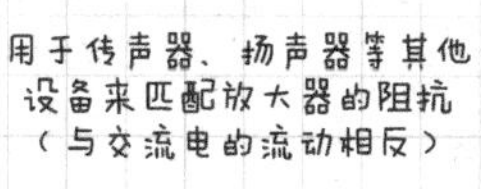

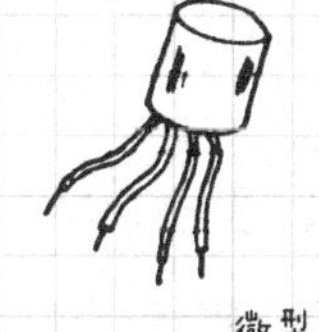

微型

一次绕组和二次绕组

注：变压器的引脚是用颜色编码的.

3

半导体

许多重要的电子器件都是由晶体制成的，叫作半导体。半导体可以用作导体，也可以用作绝缘体，这取决于它的外在工作条件。

3.1 硅

有很多种不同的半导体材料，其中，硅是沙子的主要成分，且使用率最高。

硅原子的最外层有四个电子，但它希望有八个电子。因此，一个硅原子将与相邻的四个硅原子结合共享电子。

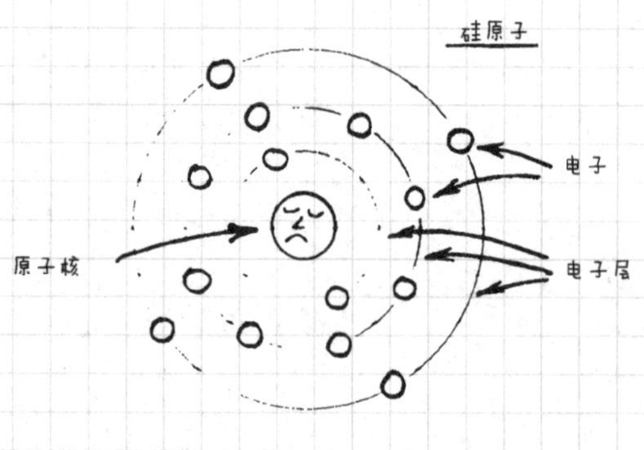

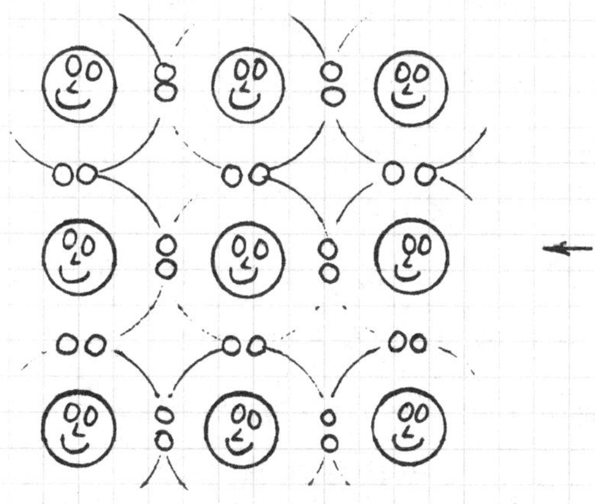

共享外部电子的硅原子簇规则排列，称为晶体。

这是一个硅晶体的放大图。出于简单考虑，只显示了每个原子最外层的电子。

硅构成了地壳总质量的27.7%，仅次于氧。硅不以单质的形式出现，它的颜色为深灰色。

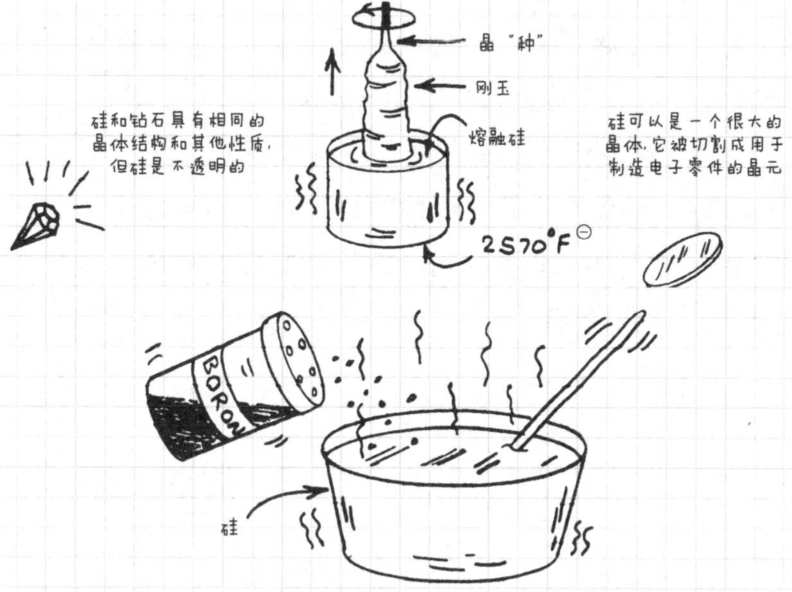

㊀ °F = ℃ ×1.8 + 32.

（1）制作硅　纯净的硅并不是很有用。这就是硅生产商会加入少量的磷、硼或其他东西来制造硅的原因，这叫作硅掺杂，掺杂硅晶体有很好的电性能。

（2）P和N掺杂　硼、磷和其他原子可以与硅原子结合形成晶体。但是有一个问题，即硼原子最外层只有三个电子，而磷原子最外层有五个电子。硅原子与多带一个电子的磷原子结合叫作N型硅（N是负）；硅原子与缺少一个电子的硼原子结合叫作P型硅（P是正）。

（3）P型硅　硼原子在硅原子簇中留下了一个空电子位叫空穴，临近的电子很可能"掉落"到这个空穴中。这样，空穴将会移动到一个新的位置。记住，空穴可以在硅中移动（就像气泡在水中移动一样）。

（4）N型硅　磷原子在硅原子簇中产生了一个多余电子，这个多余电子可以比较轻松地在晶体中移动。换句话说，N型硅可以传导电流。但是P型硅也可以，因为空穴可以"携带"电流。

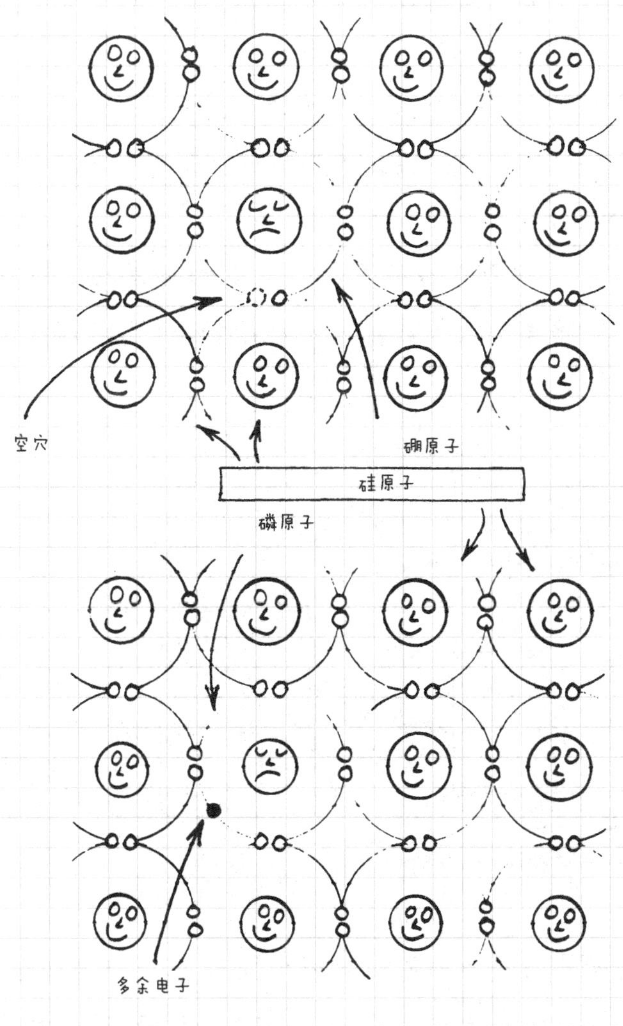

3.2 二极管

N型硅和P型硅都可以导电，两种类型的电阻都是由空穴或多余电子的比例来决定的，所以它们都可以当作一个电阻器，并且在任意方向上导电。

将P型硅和N型硅制作在同一块硅上，电子在这块硅中将只能单向流动。这就是二极管的原理。P-N交界面就叫作PN结。

（1）二极管是如何工作的　下面将简单解释二极管如何单向传导电流（正向），同时阻止电流向相反方向流动（反向）。

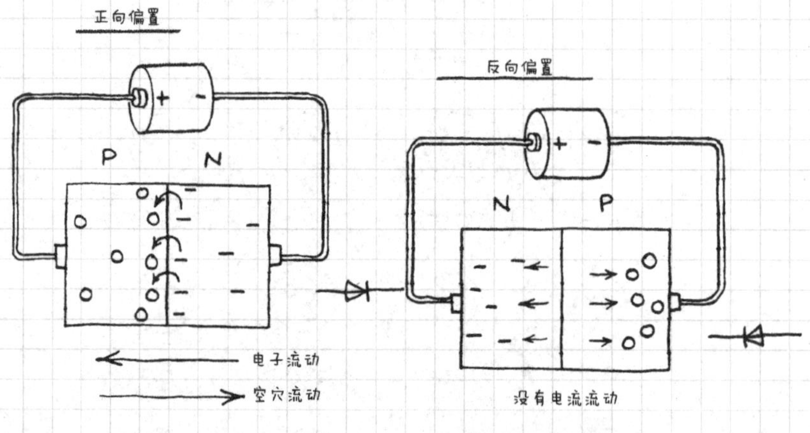

左图是与电池的同极相接，排斥空穴和电子通过PN结。如果电压高于0.6V（硅），则电子将越过PN结与空穴结合并产生电流。

右图是与电池的不同极相接，吸引空穴和电子远离PN结。因此，不会有电流流动。

（2）典型二极管　二极管通常封闭在一个小的玻璃柱中。黑色环标记了它的阴极，另一端是它的阳极。

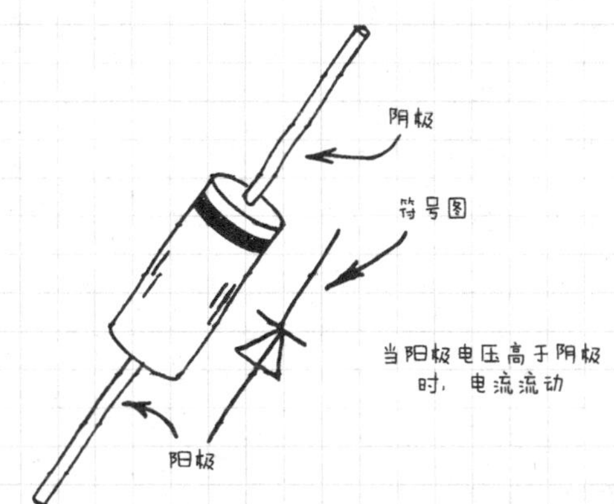

（3）二极管的使用方法　你已经知道二极管是单向传导电流的，那么了解一些二极管其他方面的使用也很重要。下面列出了一些关键的地方。

1）二极管直到正向电压达到一定的临界值才会导通。对于硅二极管来说，这个值大约是0.6V。

2）当正向电压过大时，半导体芯片可能会断裂或熔化，连接将会断开。如果芯片熔化，则二极管可能瞬间双向导通。产生的热量可能导致芯片蒸发。

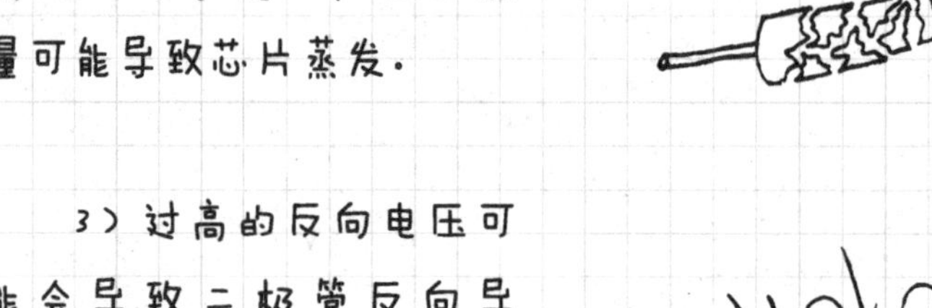

3）过高的反向电压可能会导致二极管反向导通。如果这个电压非常高，则瞬时大电流可能会击穿二极管。

二极管特性总结——这个图总结了二极管的特性曲线（粗略描述）。

V_F = 正向电压

V_R = 反向电压

I_F = 正向电流

I_R = 反向电流

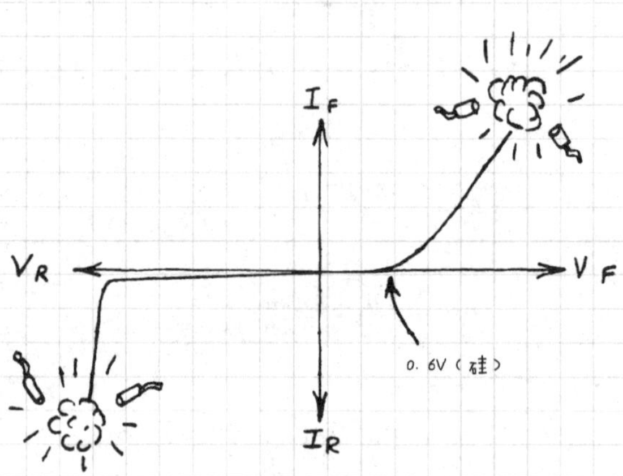

二极管类型——有很多种类型的二极管。下面介绍几种主要类型。

1）小信号二极管。

小信号二极管用来将低电流 AC 转换为 DC、检测（解调）无线电信号、使电压倍增、执行逻辑、吸收电压尖峰等。

2）大功率整流器。

它的功能与小信号二极管相同，不过大功率整流器可以携带更大的电流。它们被放在大型的金属封装中，这样可以吸收多余的热量并将其转移到金属散热器上。它主要用于电源供给。

3）稳压二极管。

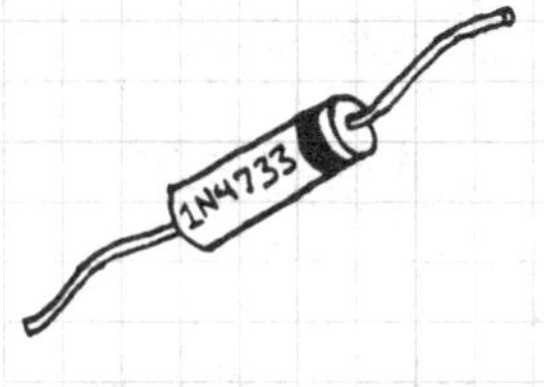

稳压二极管有一个具体的反向击穿（导通）电压值。这意味着它可以用作一个电压敏感开关。稳压二极管的击穿电压（V_z）从 2～200V 都有。

4）发光二极管。

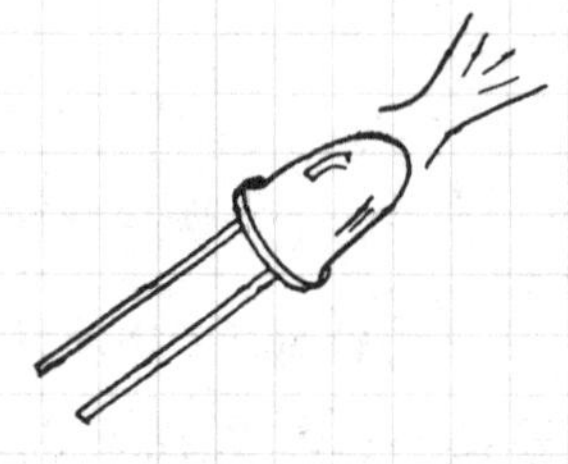

当正向偏置时，所有二极管都会发射一些电磁辐射。由某些半导体（如磷砷化镓）制成的二极管会比硅制成的二极管产生更多的辐射，它们叫作发光二极管（LED）。

5）光敏二极管。

在光照的情况下，所有二极管都有一定程度的响应。用于检测光的二极管叫作光敏二极管。它们有一个玻璃或塑料的通光口，通常还有一个大的暴露结区。硅可以用来制作好的光敏二极管。

1. 二极管的使用

第9章将会阐述不同类型的二极管是如何在多种应用中使用的。这里介绍的是小信号二极管和整流器两种最重要的使用方法。

（1）半波整流　波形的（AC）信号（或电压）被整流成了单极性的（DC）信号（或电压）。

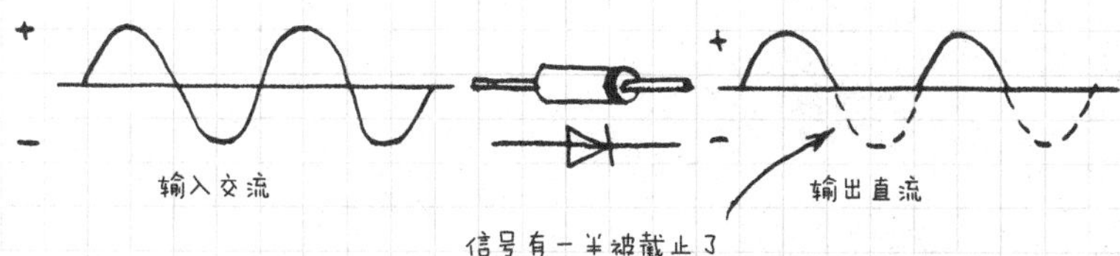

（2）全波整流　四个二极管组成的"网络"（或整流桥）整流交流信号的两个半波.

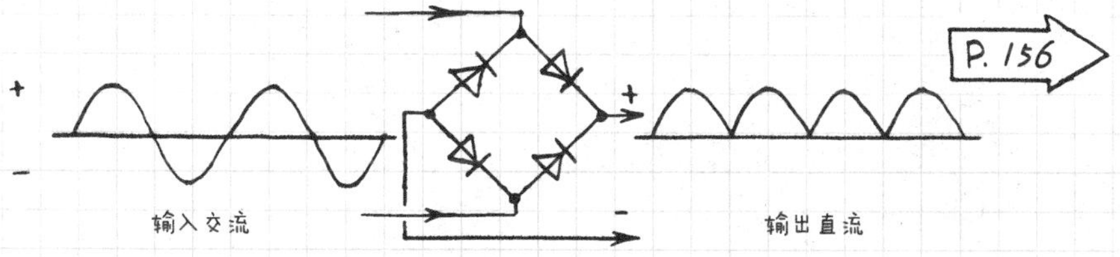

2. 关于电流方向的更多知识

电流是电子在导体或半导体中的运动. 电子是从负极移动到正极的，那为什么二极管符号图中的箭头却指向相反的方向呢？ 有以下两个原因：

1）从本杰明·富兰克林开始，通常认为电荷是从高电压流向低电压的，电子的发现纠正了这一观点（但是现在，大多数电路图仍然沿用了传统的将电源的正极放在负极上方的表示方法，显得好像是重力影响了电流的流动）.

2）在半导体中，空穴和电子的流动方向是相反的，这就是通常所说的半导体中的正电流.

更准确地说，本书中的"电流"指的是电子流. 但我们建立符号图的电流指的是空穴的流动.

3.3 晶体管

晶体管是一种有三个引脚的半导体器件。一个引脚上的小电流或者电压可以控制另外两个引脚上流过的更大电流。这就意味着晶体管可以用作一个放大器或者开关。晶体管主要有双极型和场效应型两种类型。

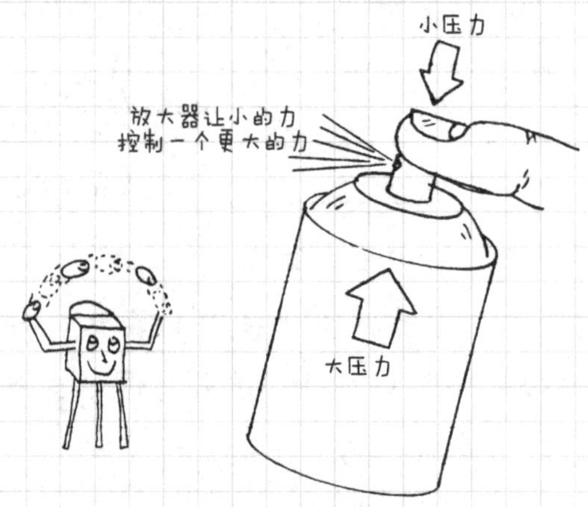

3.3.1 双极型晶体管

在一个PN结二极管上再增加一个PN结，将会得到一个三层硅"三明治"。这个"三明治"可以是NPN型也可以是PNP型，无论哪种类型，中间层的作用就像一个水龙头或者一扇门，控制电流在这三层间的流动。

1. 双极型晶体管的使用

双极型晶体管的三层分别为发射极、基极和集电极。基极非常薄并且比发射极和集电极的掺杂原子少。因此，

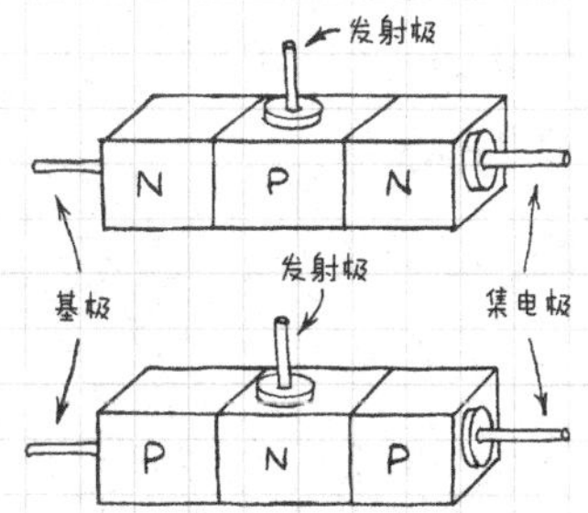

一个非常小的发射极-基极电流将产生一个非常大的发射极-集电极电流。

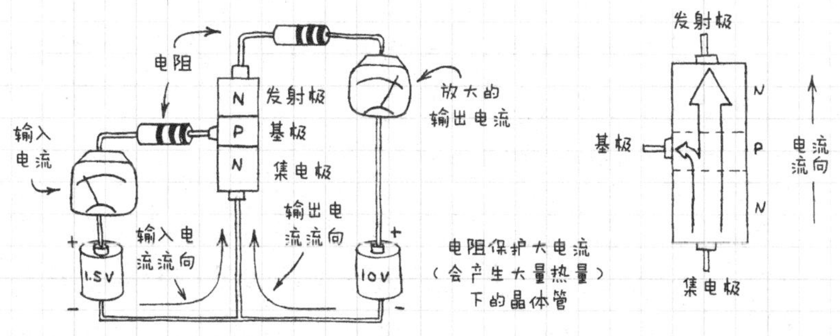

（1）晶体管的更多使用　二极管和晶体管有几个共同的关键特性。

1）基极-发射极结（或二极管）直到正向电压达到0.6V时才导通。

2）过大的电流将导致晶体管过热并且无法正常使用。如果一个晶体管摸起来发热，则应断开它的电压。

3）过大的电流或电压会导致晶体管的半导体芯片瞬间损坏。如果芯片没有受到损坏，那么它的小的连接线将熔化或在芯片中断裂。一定不要将晶体管接反。

（2）晶体管的种类　有很多种可以使用的晶体管。这里介绍最重要的几种。

1）小信号管和开关管。

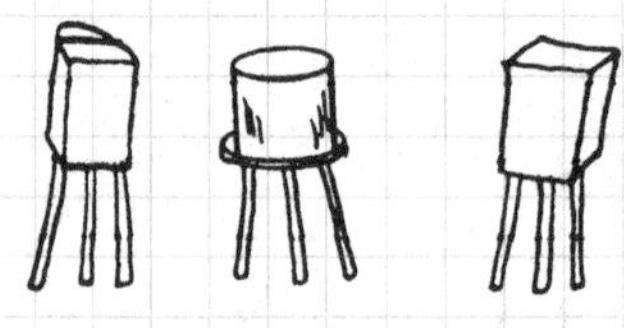

小信号晶体管用于放大低电平的信号。开关晶体管用于操控电路的开启和关断。有的晶体管可以同时起到放大和开关的作用。

2）功率管。

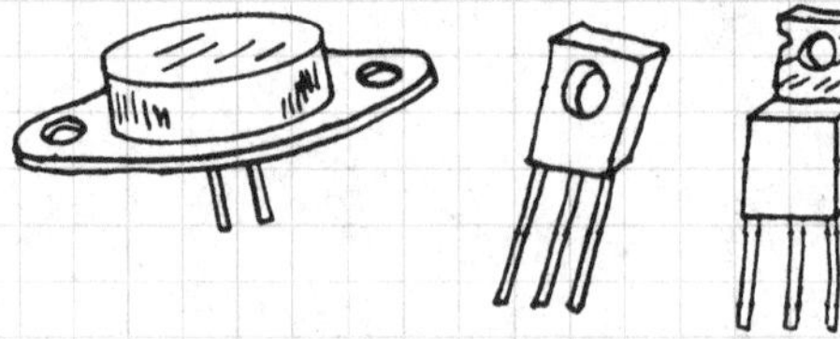

功率晶体管用于大功率放大器和电源中。大的尺寸和暴露的金属表面可以帮助它们散热。

3）高频晶体管。

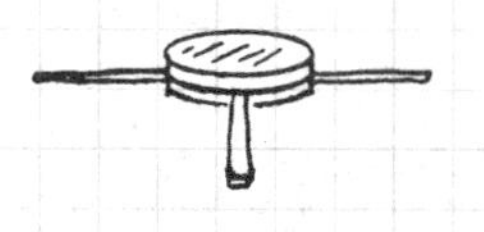

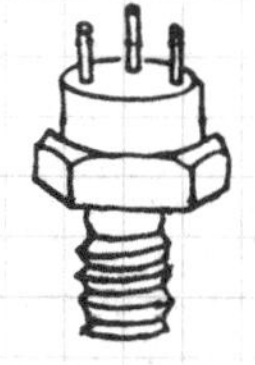

高频晶体管在无线电、电视和微波频率下工作。它的基极区域非常薄，实际芯片非常小。

（3）双极型晶体管的符号图　箭头方向为空穴的流动方向。

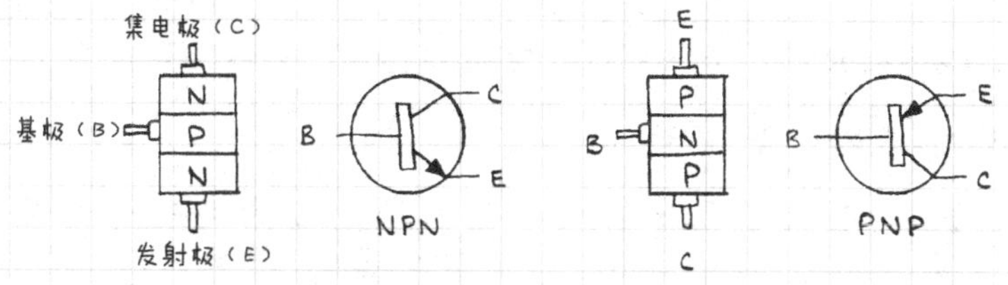

2. 双极型晶体管的使用方法

当一个 NPN 型晶体管的基极接地（0V）时，从发射极到集电极将没有电流通过（晶体管"关断"）。如果基极接一个至少 0.6V 的正向偏置，则将有电流从发射极流向集电极（晶体管"开启"）。如果只在这两种模式下工作，则晶体管就被当成了一个开关。如果基极连接在正向偏置上，则发射极-集电极电流将跟随一个很小的基极电流变化，这时晶体管就被当成了一个放大器。在上面的讨论中，晶体管的发射极作为输入和输出的共同接地端，这叫作共射极电路。下面将介绍一些简单的共射极电路，从中可以看到它们在真实电路中是如何工作的，每个例子都对应了第9章中的一种典型的应用电路。

P.142
P.169

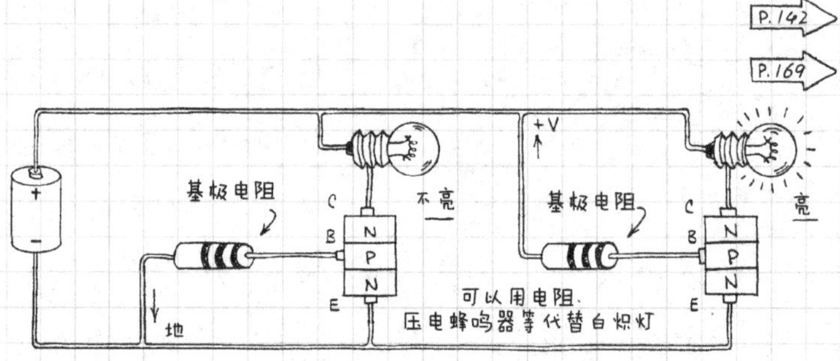

电源只有两种输入，即地（0V）或电池正极电压（+V）。因此晶体管只有开启和关断两种状态。一般基极电阻大约是5000～10000Ω。（如果用导线来替代电阻，则灯泡可以在很远的地方亮或灭）。

（1）双极型晶体管直流放大器　可变电阻器使晶体管正向偏置并控制输入电流（基极-发射极）大小，电流表显示输出电流（集电极-发射极）大小，串联电阻用来保护大电流下的电流表。

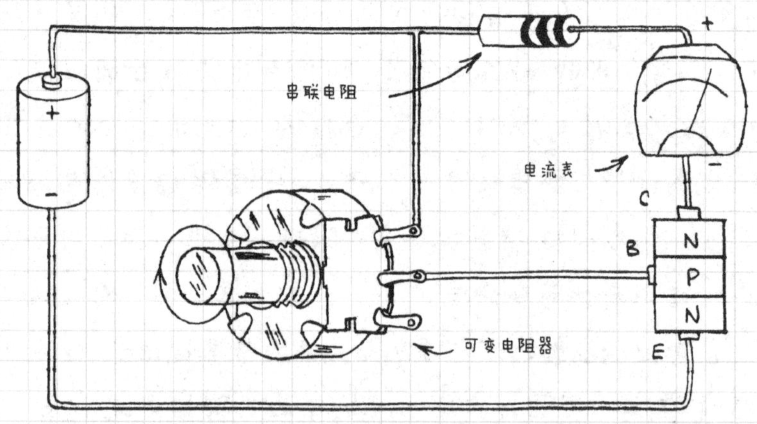

在工作电路中，可变电阻器可能与阻值

P.163

随温度、光照、湿度等变化的电阻串联（在第163页中，水是湿度计上的可变电阻）。当输入信号快速变化时，将使用下面即将阐述的交流放大器。

（2）双极型晶体管交流放大器　这是几种基本交流放大器中最简单的一种。输入电容阻挡了输入电流中的直流电。

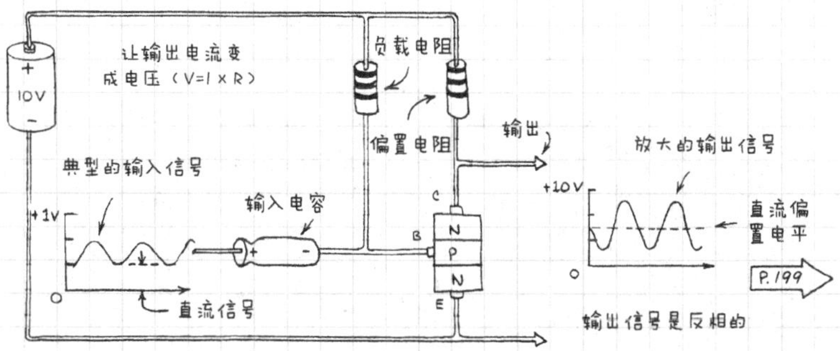

选择偏置电阻，使输出电压约为电池电压的一半。放大信号围绕这个稳定的输出电压上下浮动（如果没有偏置电阻，则输入信号只有大于0.6V的正半周会被放大，见第58页，这将会导致严重失真）。翻到第199页，光波发射机的输出部分就是一种使用这种放大器工作的电路。

3.3.2　场效应晶体管

场效应晶体管（Field Effect Transistor，FET）比双极型晶体管更加有用。它们容易制造并且需要较少的硅。场效应晶体管主要有两种类型，即结型场效应晶体管和金属氧化物半导体场效应晶体管。在这两种类型中，输出电流由较小的输入电压控制，而几乎没有输入电流。

1. 结型场效应晶体管

场效应晶体管包括N沟道和P沟道两种主要类型。这个沟道就像一个硅电阻器，引导电流从源极流向漏极。栅极上的电压增大了沟道电阻，减小了漏源电流。因此，场效应晶体管可以用作放大器或开关。

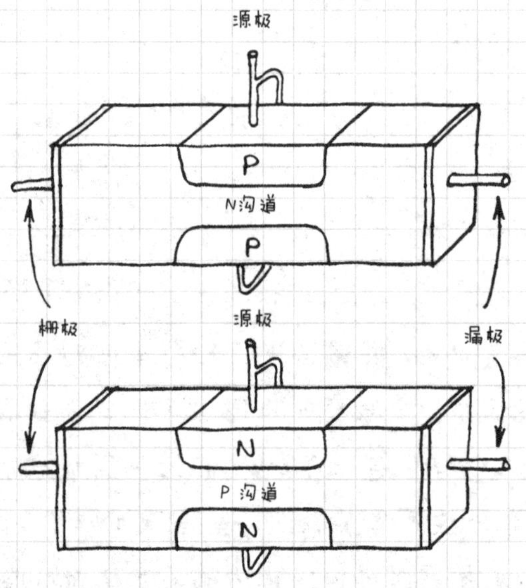

（1）结型场效应晶体管的使用　下面的流程图展示了一个N沟道结型场效应晶体管是如何工作的。负的栅极电压在与P型硅相邻的沟道中产生两个高阻区（电场）。更大的电压将导致电场合并在一起，完全阻塞电流，因此沟道电阻非常高。

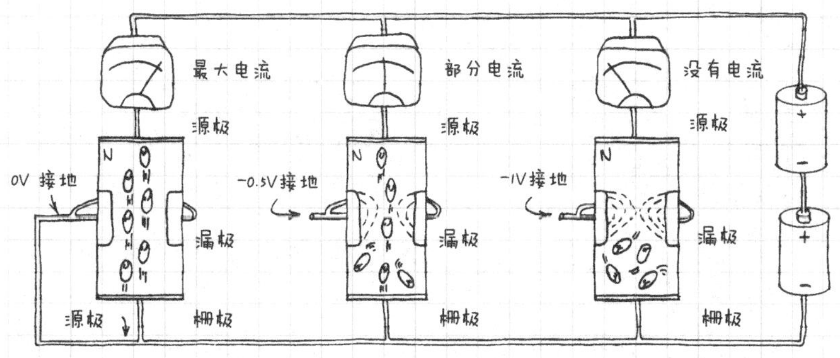

（2）关于结型场效应晶体管的更多知识　因为它们是电压控制的，所以结型场效应晶体管（JEFT）比电流控制的双极型晶体管更具有优势。

1）结型场效应晶体管的沟道电阻非常高（百万欧姆量级），因此，连接到其栅极上的外部元器件或电路对它几乎没有影响。

2）非常高的沟道电阻意味着栅极电路中几乎没有电流流过（为什么电阻这么高？是因为它的栅极和沟道之间形成了一个二极管，只要输入电流在这个二极管上产生一个反向偏置，栅极就会产生一个很高的输入电阻）。

3）像双极型晶体管一样，结型场效应晶体管可以被过大的电流或电压损坏。

（3）结型场效应晶体管的种类　结型场效应晶体管被用于不同的应用中。由于它们不能承受过高的功率，所以通常封装在小的塑料或金属封装中。下面介绍几种主要的分类。

1）小信号管和开关管。

小信号结型场效应晶体管放在放大器的输入端，用于提供一个高的输入电阻，同时它们也被用作开关。

2）高频管。

高频结型场效应晶体管用于放大或产生高频信号。

（4）结型场效应晶体管符号图　门内部的连接。

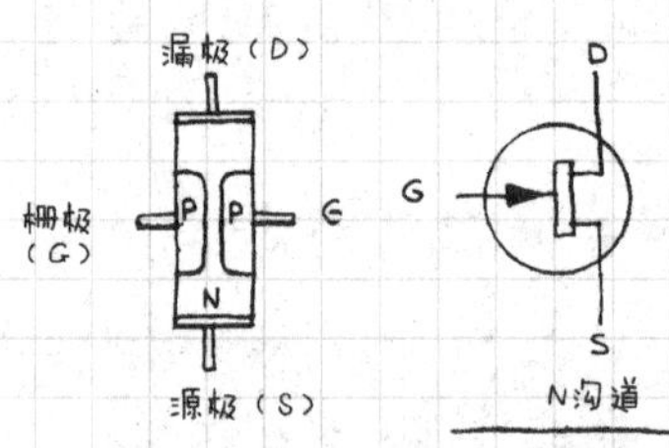

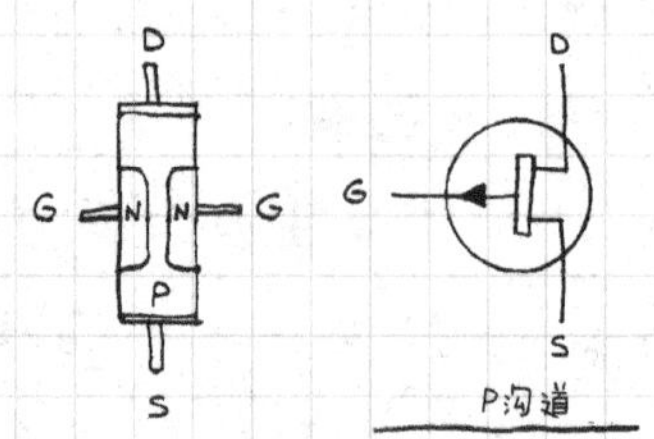

2. 金属氧化物半导体场效应晶体管

金属氧化物半导体场效应晶体管（MOSFET）是最重要的晶体管。大多数微型计算机和存储器集成电路都是在一小片硅中排列数千个 MOSFET 构成的。这是为什么呢？ 因为 MOSFET 很容易制作，面积很小，而且一些 MOSFET 电路消耗的功率可以忽略不计。一些新型的功率 MOSFET 非常有用。

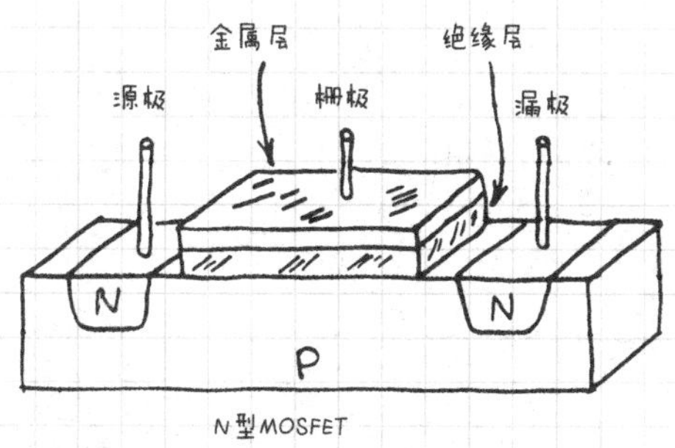

N型MOSFET

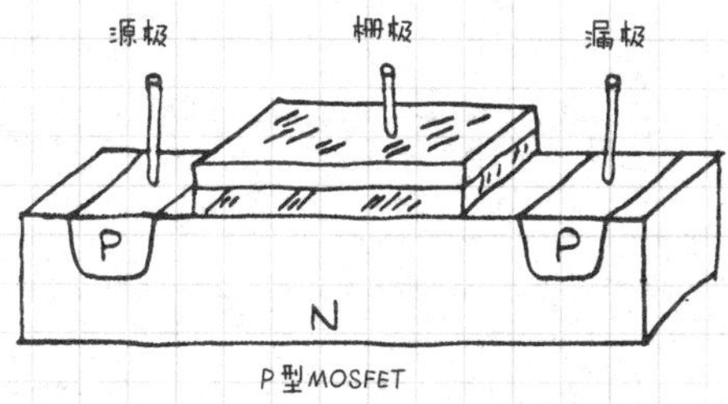

P型MOSFET

（1）MOSFET的使用　MOSFET包括N型和P型。与结型场效应晶体管不同，MOSFET的栅极与源极和漏极间没有电接触。玻璃状的二氧化硅层（绝缘层）将栅极的金属触点与晶体管的其余部分隔开。

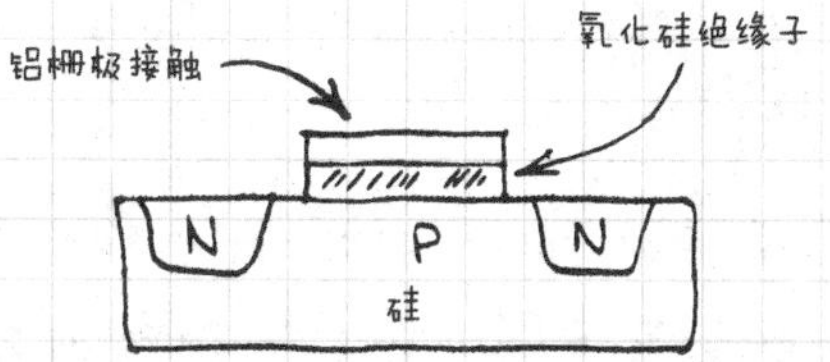

正的栅极电压把电子吸引到栅极下方的区域。这在P型硅的源极和漏极之间形成了一个N型窄沟道，电流可以通过这个沟道流动。栅极电压决定了沟道电阻的大小。

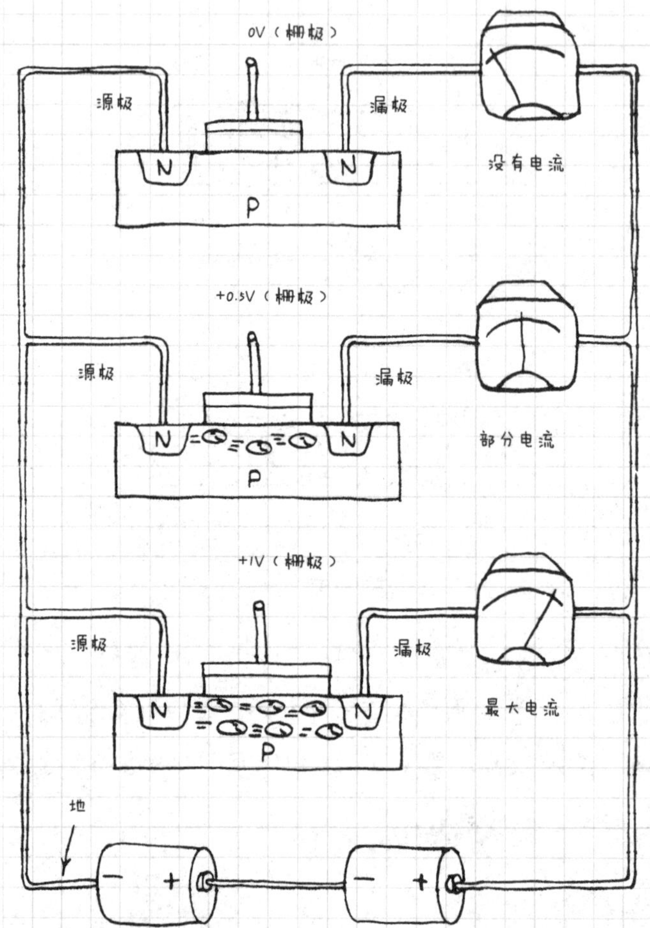

（2）更多关于MOSFET的知识　MOSFET的输入电阻在各种晶体管中是最大的。这和一些其他因素使得MOSFET具有重要的优势。

1）沟道电阻趋于无穷（通常为$1\times10^{15}\Omega$）。这意味着外部电路的电流无法流过栅极（当然，它可能也会流过几万亿分之一安培）。

2）MOSFET可以用作一个电压控制的可变电阻，栅极电压控制沟道电阻值。

3）新型的MOSFET可以在几十亿分之一秒中转换非常大的电流。

注意：因为栅极下玻璃状的二氧化硅层非常薄，所以它可以被过大的电压甚至静电击穿，即使这个静电是由衣服或者玻璃纸包装产生的，它仍然可以击穿MOSFET的栅极。

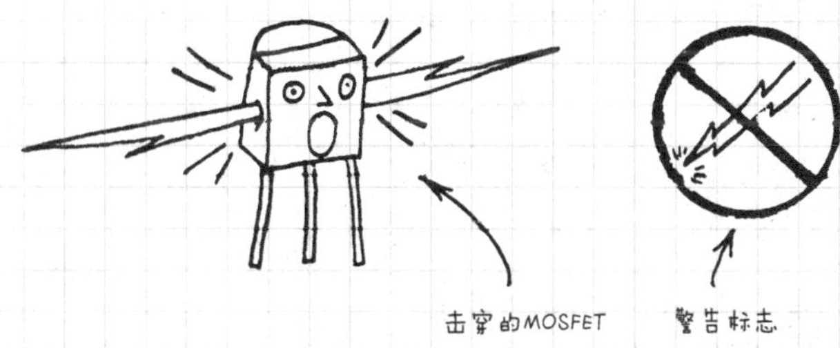

（3）MOSFET的种类　像JEFT、MOSFET这种封装在小的金属或塑料封装中的晶体管是用来给放大器提供超高输入电阻的。它们还用作电压控制的电阻器和开关。下面介绍最重要的一种类型——功率管。

功率。

功率MOSFET允许小电压快速切换或放大很多倍。

（4）MOSFET 符号图　以下这些是最常见的。

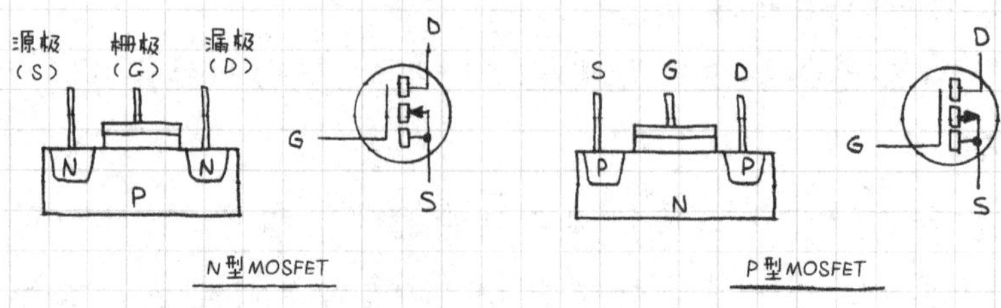

3. 场效应晶体管的应用

场效应晶体管可以用作放大器、开关和电压控制电阻器。下面是一些典型的应用电路。

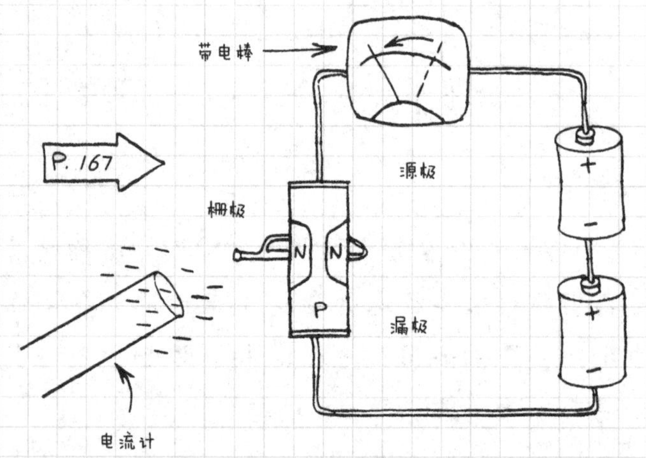

（1）JFET 静电计　这个简单的电路是电子静电计。N 沟道 JFET 的栅极引脚是断开的。通常电流从源极流向漏极，当带负电荷的物体（比如梳过头发的塑料梳子）放置在栅极附近时，电流将减少或停止流动。

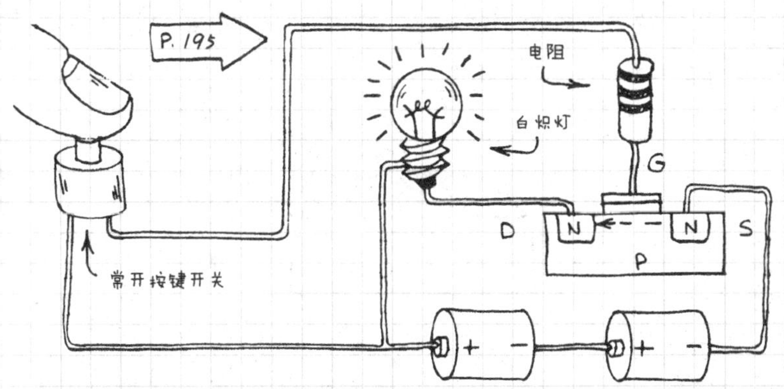

（2）MOSFET 灯驱动器　这个电路展示了一个功率 MOSFET 如何驱动一个白炽灯或者其他直流供电的装置。因为功率 MOSFET 具有一个几乎无穷大的输入电阻，所以这个开关可以由一个很小的输入信号代替。

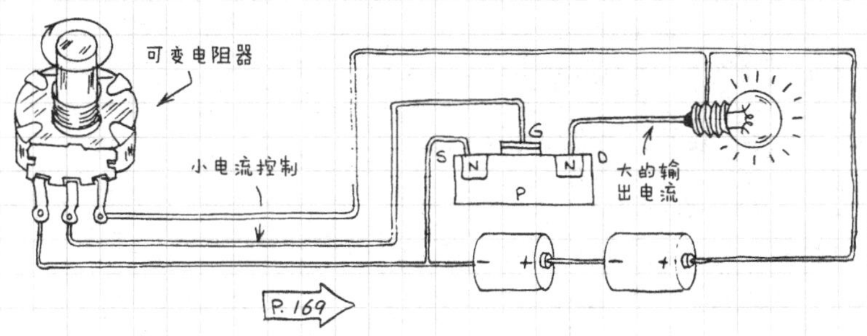

（3）MOSFET 调光台灯　这个电路将功率 MOSFET 用作电压控制的电阻器。

3.3.3　单结晶体管

单结晶体管（Unijunction Transistor，UJT）不是一个

真正的晶体管，它更像是一个双阴极二极管，可用作不起放大作用的电压控制开关。

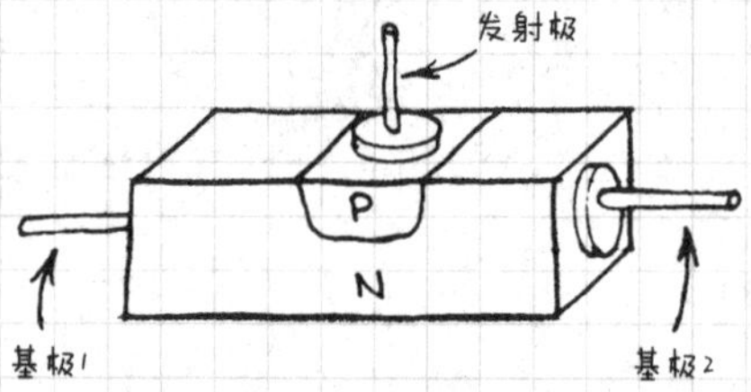

（1）UJT的使用　通常一个小电流会从基极1（B_1）流向基极2（B_2）。当发射极上的电压达到一定阈值（几伏）时，UJT开启并且一个大电流将从基极1流向发射极。如果没有达到电压阈值，则将不会有电流从基极1流向发射极。

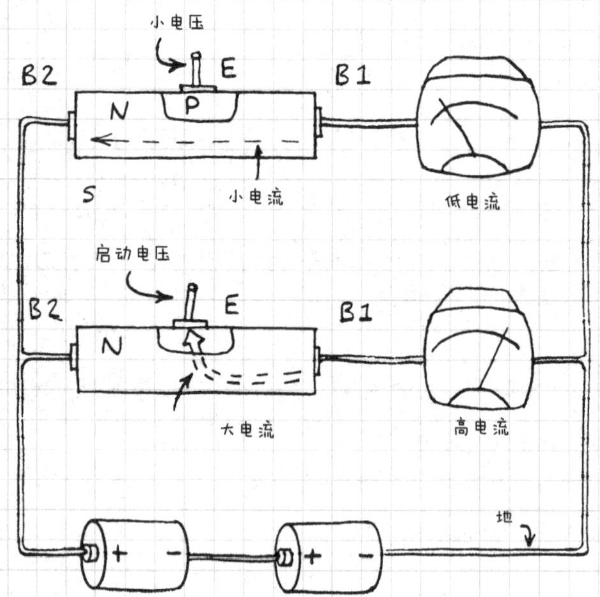

(2) UJT 符号图　UJT 的符号图与 JFET 很像。

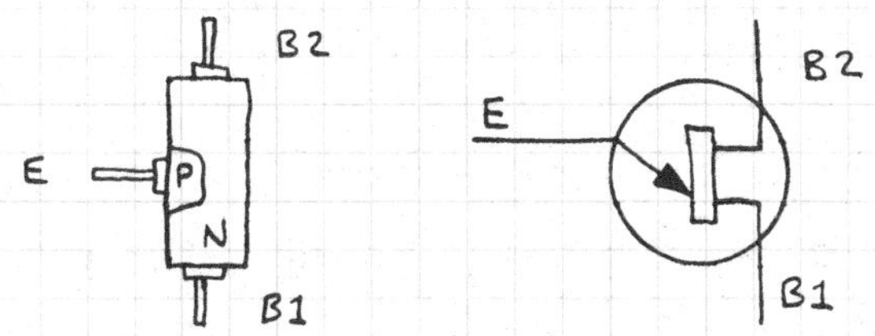

单结晶体管的应用

这种电路使用 UJT 来驱动发光二极管（LED）。电容充电直到达到 UJT 的开启电压，然后，电容中的电流将“释放”流过 LED。LED 发光直到电容放电完成。之后再次进行电容的充电-放电循环。

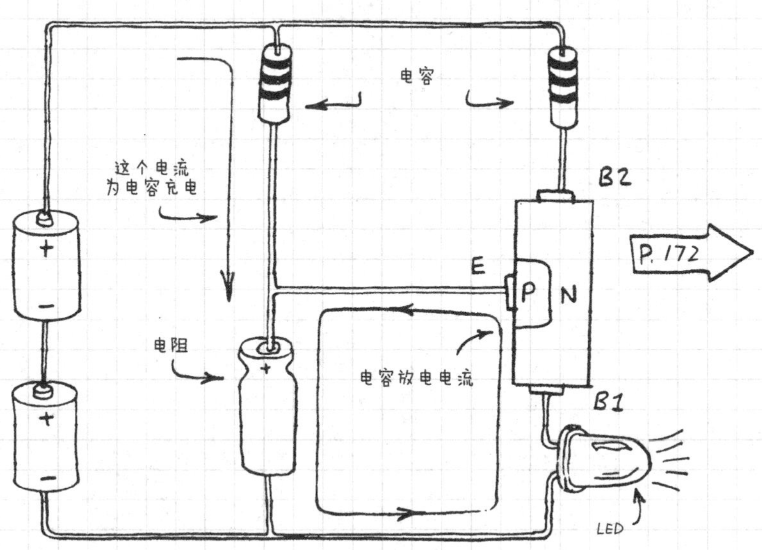

P. 172

3.4 晶闸管

晶闸管是有三个引脚的半导体器件，一个引脚上的小电流可以允许一个大电流流过另外两个引脚，控制电流只能起到开启或者关断的作用。因此，晶闸管不能像其他晶体管一样起到放大信号的作用，但它们能起到固态开关的作用。晶闸管有两种类型，即单向晶闸管和双向晶闸管。单向晶闸管控制直流电流，双向晶闸管控制交流电流。

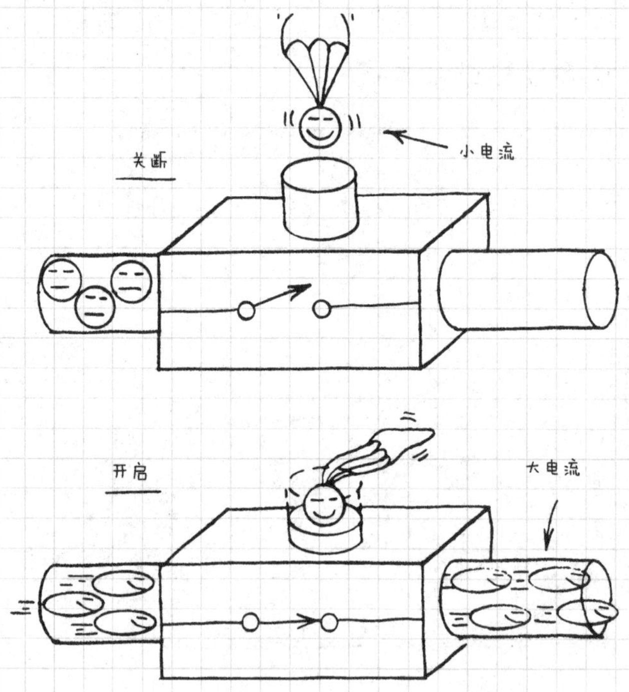

3.4.1 单向晶闸管

单向晶闸管类似于一个四层双极型晶体管，它有三个PN结。因为它只单向传输电流，所以也称为四层PNPN二极管。

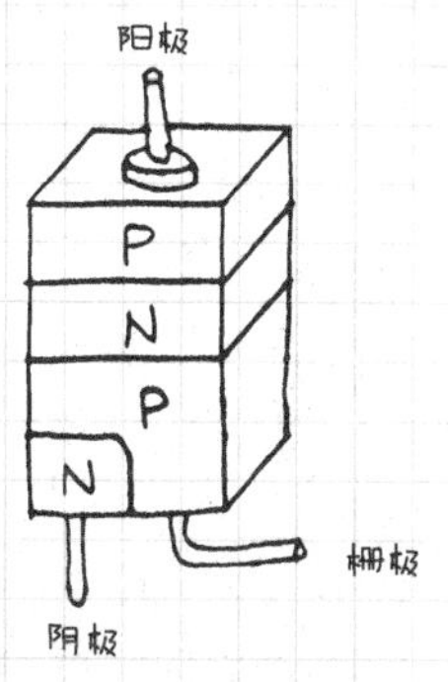

（1）单向晶闸管的使用方法　如果单向晶闸管的阳极比阴极上的电荷多，则两端的两个PN结正向偏置，中间的两个PN结反向偏置，电流不能流动。如果栅极上有一个小电流，则中间的两个PN结正向偏置，更大的电流可以流过器件，单向晶闸管会保持开启状态，即使栅极电流被消除（直到电源断电）。

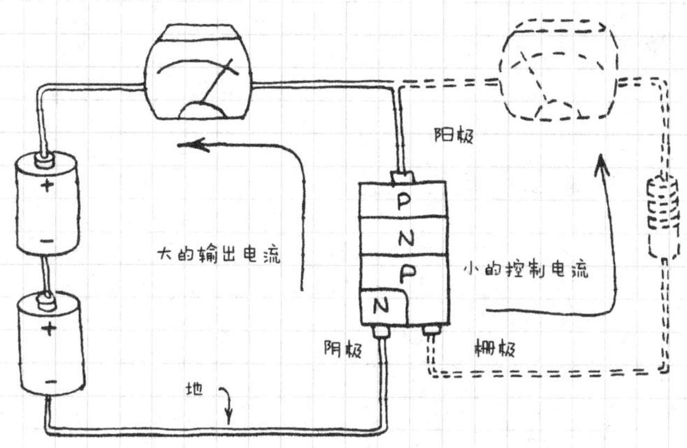

（2）单向晶闸管的种类　根据单向晶闸管可以控制电流的情况进行分类。下面介绍三种常见的单向晶闸管（还有很多其他类型可用）。

1）小电流管。

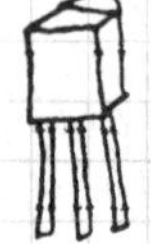
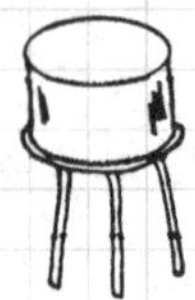

低电流单向晶闸管可以工作在1A、100V范围以内的电路中。

2）中等电流管。

这些单向晶闸管工作在10A、几百V范围以内的电路中。一个常见的应用就是汽车发动机的固态开关。

3）大电流管。

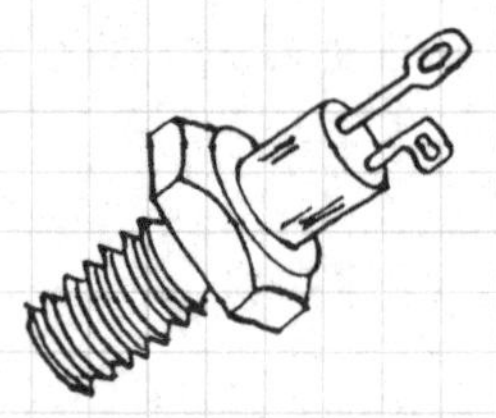

这些单向晶闸管工作在2500A、几kV范围以内的电路中。它们可以用来控制发动机、电灯、家用电器等。

（3）单向晶闸管符号图

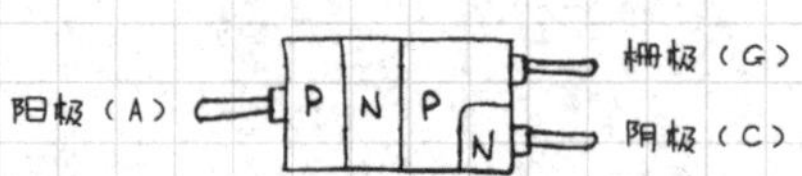

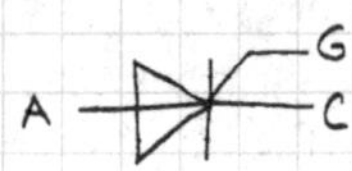

（4）单向晶闸管的应用　这个电路显示了单向晶闸管是如何控制白炽灯的，其他器件也可以这样被控制。

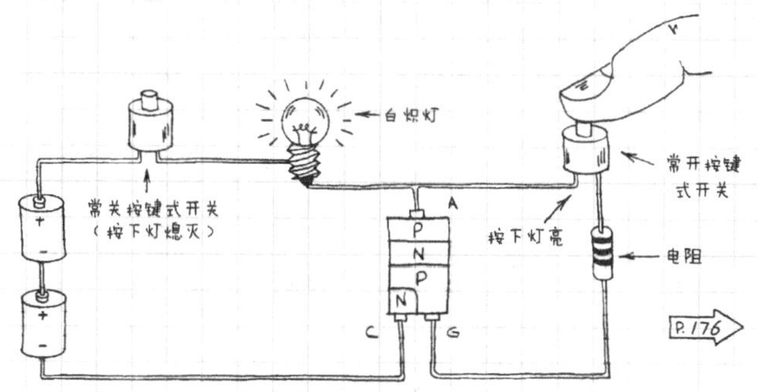

P.176

3.4.2 双向晶闸管

双向晶闸管相当于两个单向晶闸管反向并联。这意味着双向晶闸管既可以控制直流电流，也可以控制交流电流。注意双向晶闸管有五层外加一个N型区域。同时注意三个引脚是如何与两层接触的。

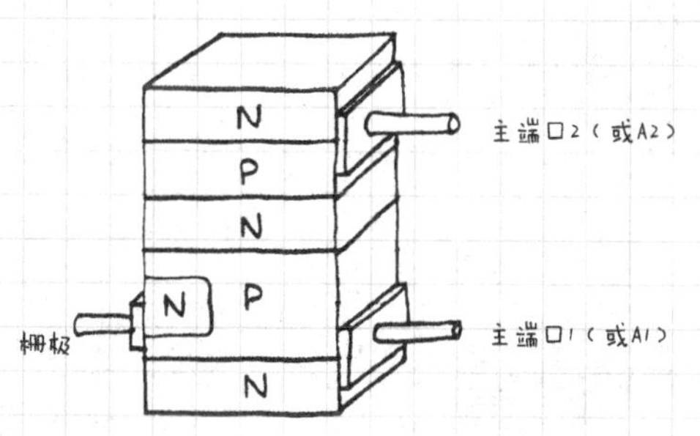

（1）双向晶闸管的使用方法　形成双向晶闸管的两个并联的SCR面向相反的方向（反向并联）。当它用于控制交流电流时，只有当栅极有电流流过时双向晶闸管才开启。消除栅极电流，当流过的交流电流为0V时，双向晶闸管关断。

（2）双向晶闸管的种类　双向晶闸管像单向晶闸管一样，通过控制电流的情况进行分类。双向晶闸管没有大电流单向晶闸管的功率高。下面是它的两种分类。

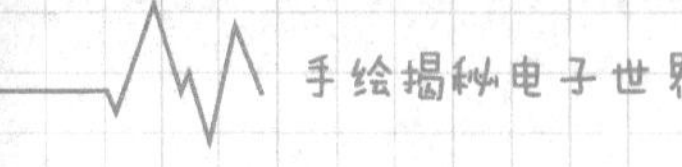

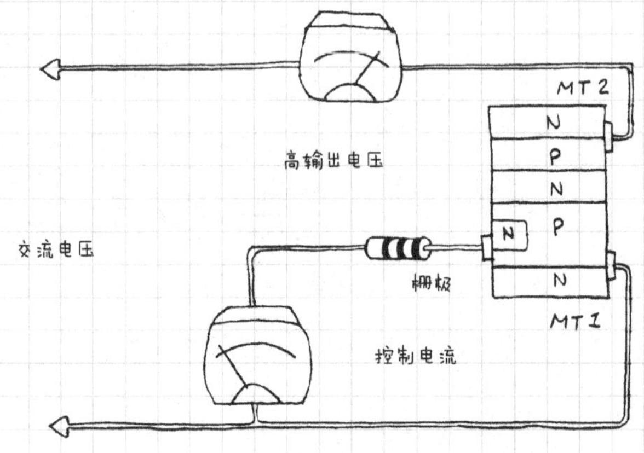

1）小电流管。

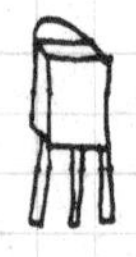

低电流双向晶闸管可以工作在1A、几百伏范围内的电路中。适用于部分应用中。

2）中等电流。

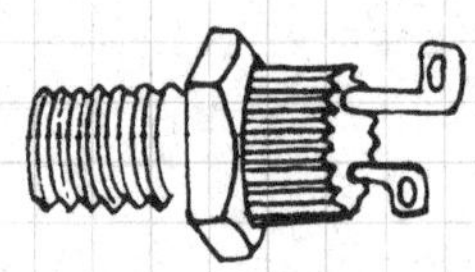

这些双向晶闸管工作在40A、1000V范围内的电路中。适用于很多应用中。

（3）双向晶闸管的符号图　记住，双向晶闸管与两个反向并联的单向晶闸管相同。

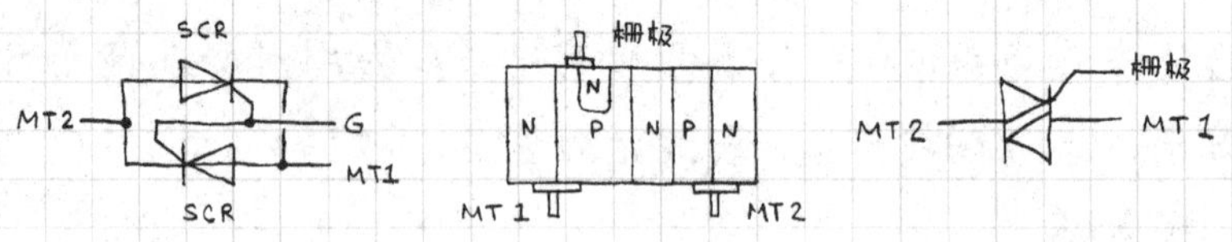

双向晶闸管的应用

下图所示电路显示了双向晶闸管如何控制一个由家庭线路电流供电的白炽灯。也可以这样控制发动机和其他设备。

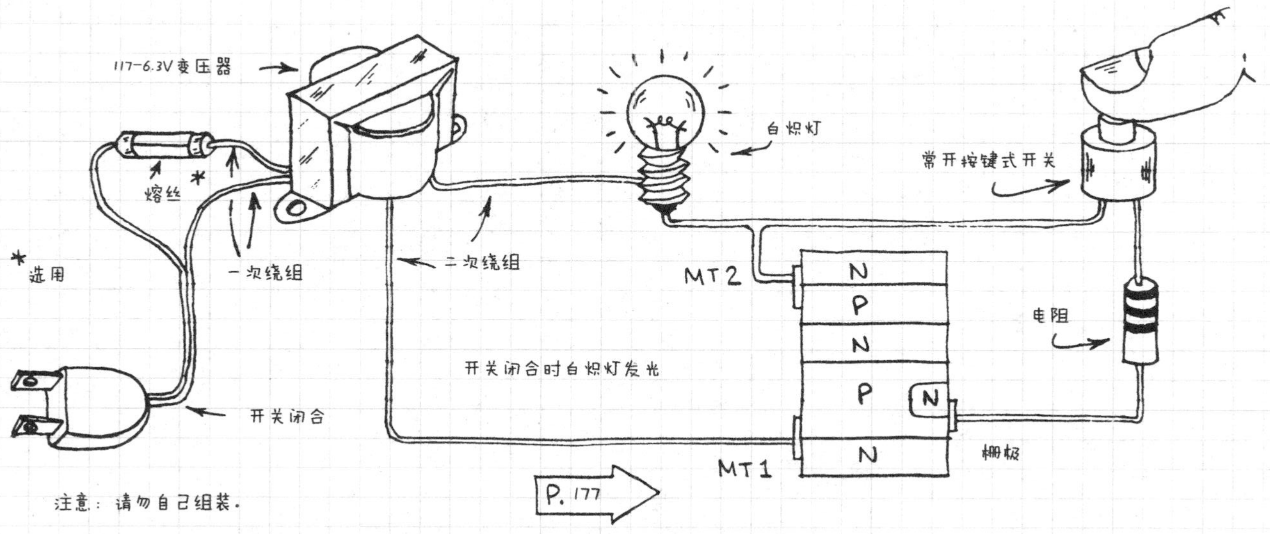
117-6.3V 变压器
熔丝
*
一次绕组
二次绕组
白炽灯
常开按键式开关
*选用
MT2
N
P
N
P
N
N
电阻
栅极
MT1
开关闭合时白炽灯发光
开关闭合
注意：请勿自己组装。
P. 177

3.4.3 二极晶闸管

如果另外两个引脚间的电压达到某一水平（击穿电压），单向或双向晶闸管将在没有栅极信号的情况下开启。这种自切换能力使得二极晶闸管成为可能。

1）四层二极管。

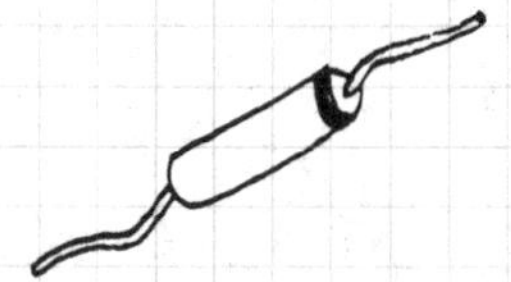

四层二极管是一种没有栅极的单向晶闸管，它控制直流电压。

2）双向触发二极管。

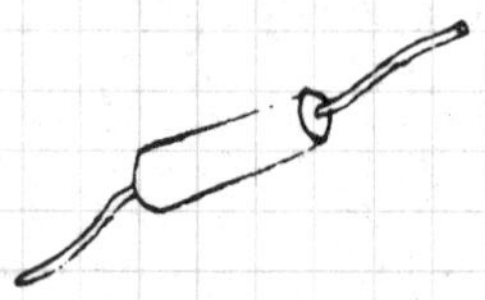

双向触发二极管是一种类似于没有基极引脚的PNP型晶体管的三层器件。它控制交流电压。

4 光电半导体

光子学是涉及半导体器件的电子学中发展最快的一个领域，用来发出或者检测光。在了解一些光电子元器件之前，我们先看一些光的特性。

4.1 光

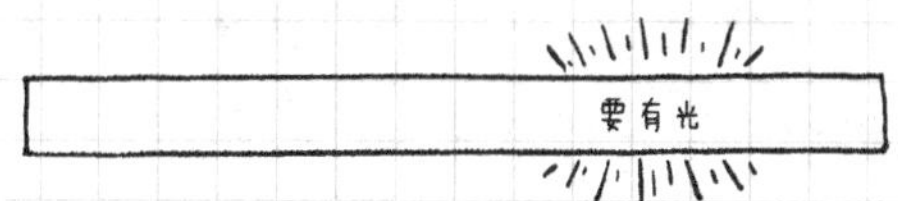

光由被称为光子的具有波动性的能量粒子组成。光子不一定是可见的，可见的部分统称为光。当一个被激发到较高能级的电子回落到正常能级时会产生光子。

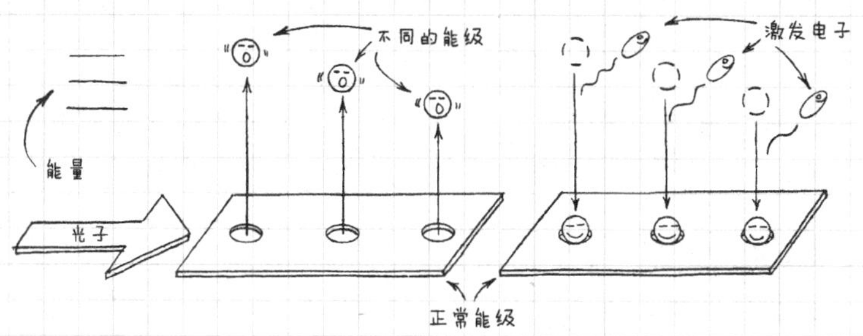

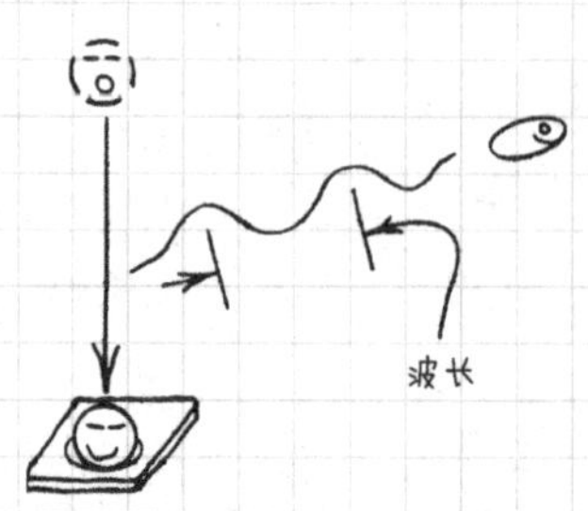

记住，光子有波动性。相邻波峰之间的距离就是波长。电子激发到较高能级产生的光子比激发到较低能级的波长更短。

激发态的电子可以自发或者通过一个合适波长的光子诱发而回到正常能级。

（1）电磁频谱　可见光是由电磁辐射形成的。光的波长为nm级别（nm是m的十亿分之一）。下图所示为光与其他由电磁辐射形成的波的关系。

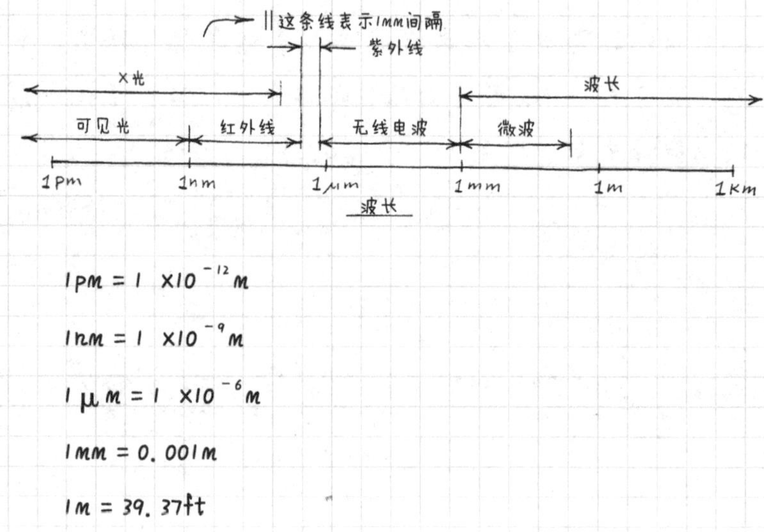

$1pm = 1 \times 10^{-12}m$

$1nm = 1 \times 10^{-9}m$

$1\mu m = 1 \times 10^{-6}m$

$1mm = 0.001m$

$1m = 39.37ft$

1km = 1000m

（2）光谱　紫外、可见和红外辐射统称为光学光谱。下面是光学光谱的展开图。

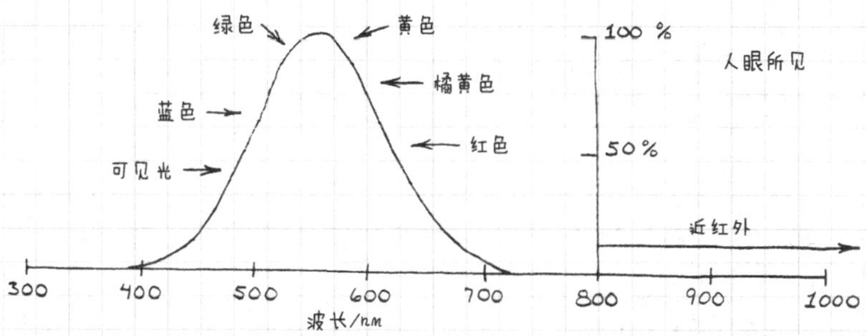

很多光电半导体都可以产生或检测近红外辐射，比如硅可以检测可见光，但是它对于 880nm 的近红外辐射最为敏感。因为很多光电子元器件既能控制可见光，也能控制近红外辐射，所以通常将近红外辐射也视为光。

4.2 光学元件

光学元件可以传导、散射或改变光的特性。有一些在光电半导体的很多应用中都起到了重要的作用。

1）滤波器只传输窄波段的光波。

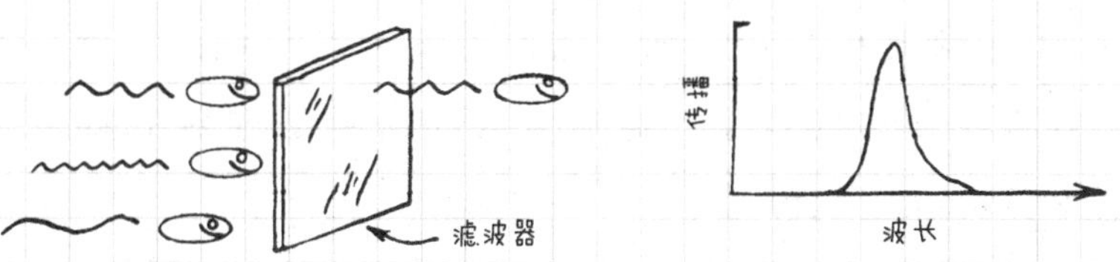

2）反射镜反射大部分入射光，光束可能或可能不会被传输。

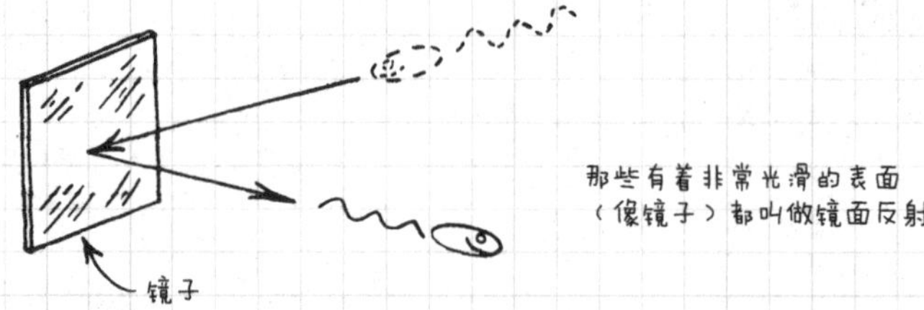

3）分束器反射入射光束的一部分并传输其余部分。

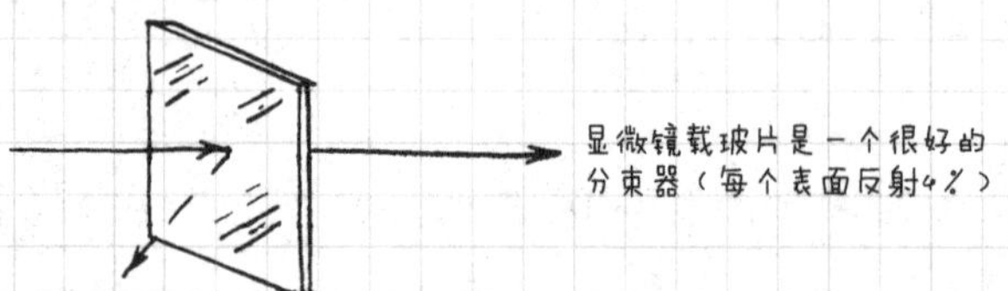

4）透镜折射光。最重要的是凸透镜用于将半导体光源和探测器结合在一起。比如它们可以将光收集和汇聚在一个小型探测器上。

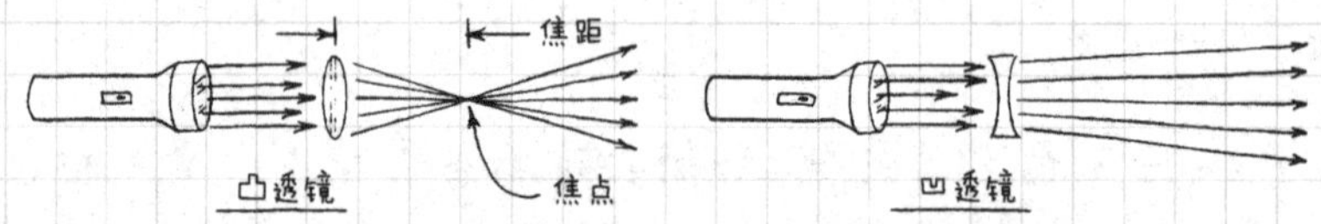

5）光学纤维是用于光传导的薄且灵活的高透明玻璃或塑料。光穿过被薄层包皮包围的核芯。塑料光纤价格便宜，玻璃光纤更加清晰。这两种类型在传输的波长长度上比其他类型好得多。高质量的光纤用于通过光脉冲发送电话和计算机数据。

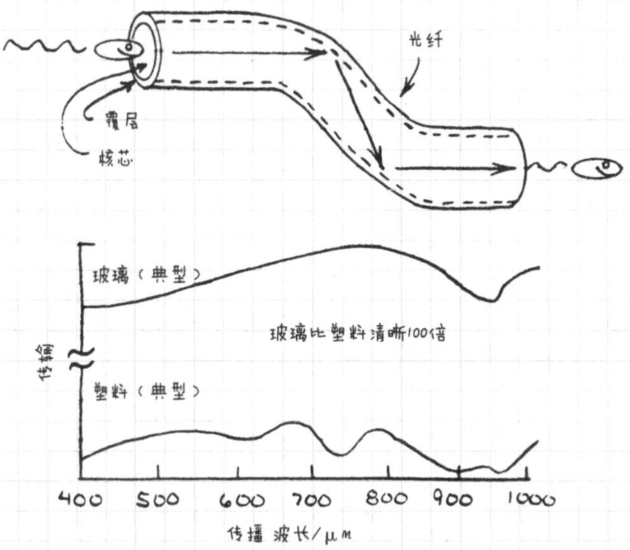

1. 凸透镜的使用方法

许多半导体光源和探测器都装有内置凸透镜。本节将介绍为什么和如何将外部透镜与光源和探测器一起使用。

2. 二次方反比定律

当一个很小的光源向外传播时，它的强度与距离的二次方成反比。换句话说，如果距离是3，则强度将是原有强度的1/9，如果距离是1，则强度将仍是原有强度。凸透镜可以抑制强度的衰减。

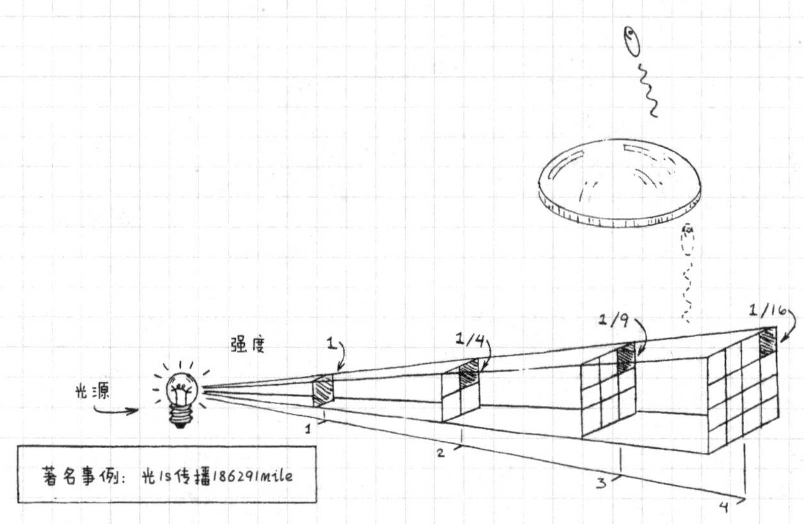

3. 凸透镜

光束用弧度（一个弧度是57.3°，一个圆有360°）表示的散射角（发散）是光源的直径除以透镜的焦距。这意味着焦距较长的透镜，光束较窄（但是长焦距的透镜比短焦距的透镜聚集的光更少）。

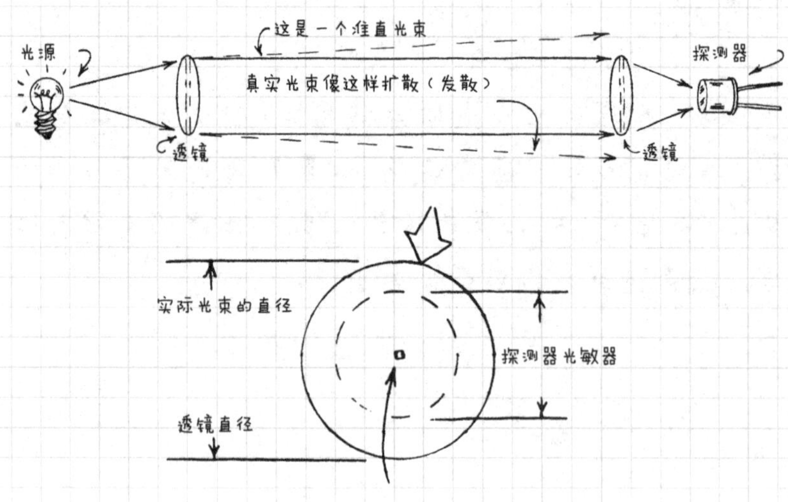

小心放置透镜，虚线圈以内的光都可以聚集在探测器的光敏器上（当然这打破了二次方反比定律）。

4.3 半导体光源

当遭到光、热、电子和其他能量轰击时，大多数半导体晶体将发出可见光或者红外光。最好的半导体光源是 PN 结二极管。

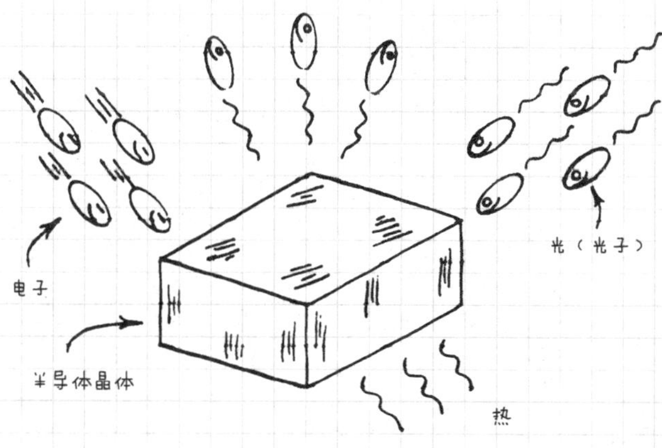

4.3.1 发光二极管

发光二极管将电流直接转换成光。发光二极管（LED）比大多数光源效率更高。

1. LED 的使用

在电流穿过结之前，二极管两边的正向电压必须超过某一阈值。对硅来说，发射少量的近红外光需要 0.6V 的阈值电压；对砷化镓来说，发射大量的近红外光需要1.3V的阈值电压。这个电压激发了电子，当电子穿过结与空穴结合时，它们形成了光电子。

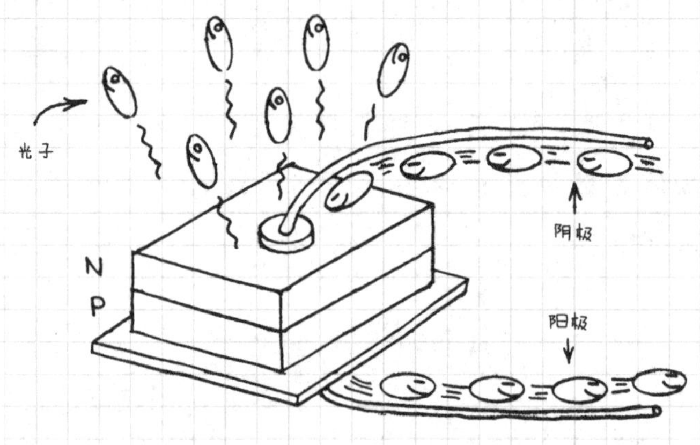

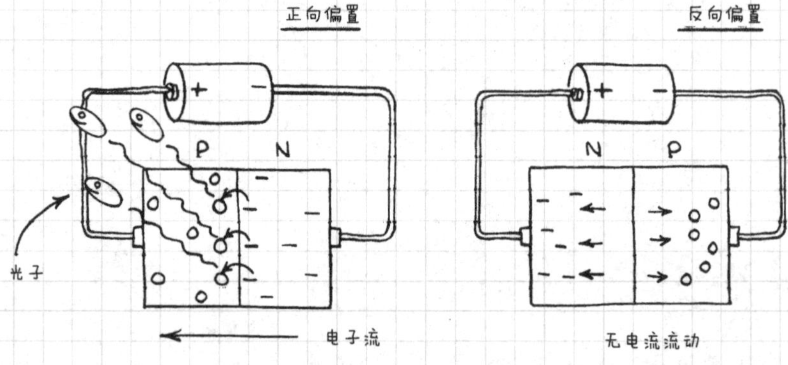

2. LED的更多使用方法

这里将介绍一些LED使用的关键点。

1）白炽灯发出的光含有许多种波长，而LED发出的光波长范围较窄，这是因为LED中的电子都被激发到了同一能级上。

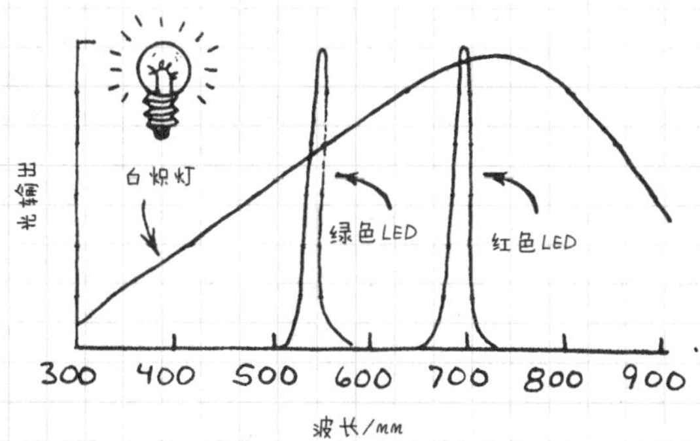

2）当 LED 导通时，电压逐渐增加，而电流迅速增加。大量的电流可能导致 LED 过热，并且可能使引脚分离或半导体芯片熔化。

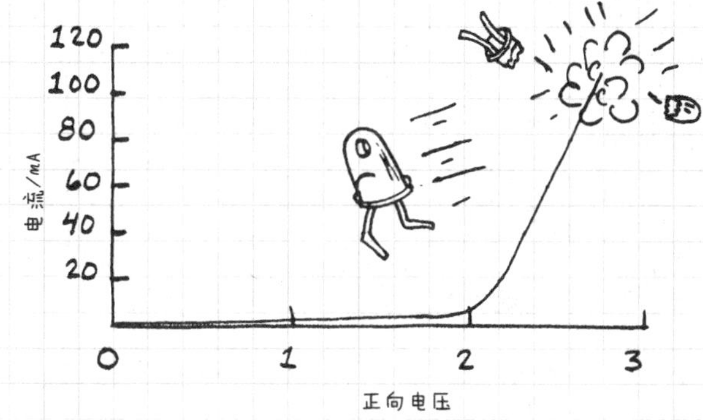

3）LED 发出的光与流过它的电流成正比。这意味着 LED 是理想的用来传输信息的器件。一个过热的 LED 发出的光会瞬间减少，LED 也可能会损坏。

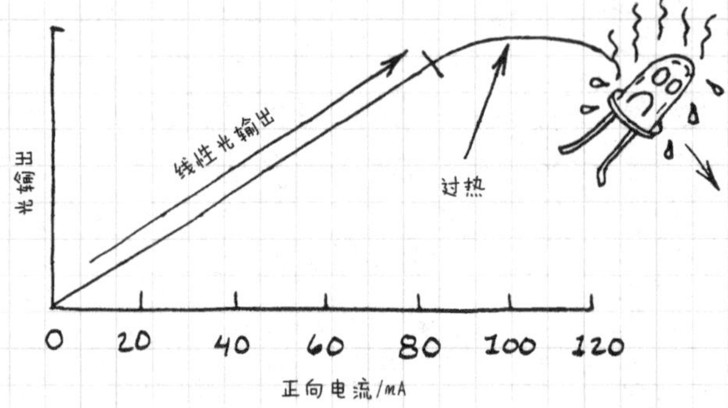

4）LED的波长和正向电压直接相关。因此在不改变电压和电流的情况下更换LED不总是适用的。不同的半导体用来制作不同的LED。LED发射可见光的功率是毫瓦级的。一些LED发射红外光（如880nm波长）功率为15mW或更大（手电筒发射光功率为10mW或更大）。

波长/nm	电压/V
545（绿色）	2.2～3.0
590（黄色）	2.2～3.0
615（橘黄色）	1.8～2.7
640（红色）	1.6～2.0
690（红色）	2.2～3.0
880（红外线）	2.0～2.5
900（红外线）	1.2～1.6
940（红外线）	1.3～1.7

3. LED 的种类

LED 作为一个光源，知道它的塑料或金属外壳里面有什么是非常有用的。下图所示为一个典型的 LED。重的引脚可以帮助芯片传导热量。反射镜收集从芯片边缘发出的光。当 LED 发射可见光时，环氧树脂通常是彩色的。经常在环氧树脂中加入光散射粒子，这会使光扩散，使 LED 的末端更加明亮。

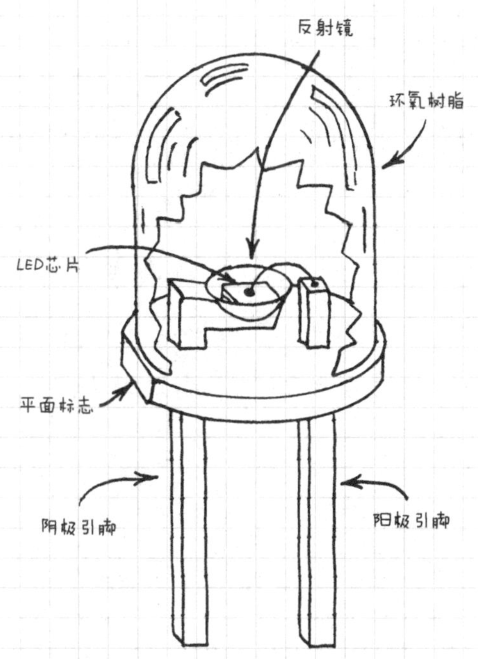

（1）可见光 LED　这些廉价的 LED 被用作指示灯。一些红色的 LED 被用于传递信息。它们大多数都被封装在环氧树脂中。

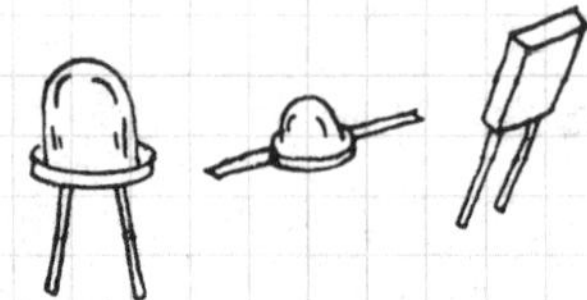

（2）LED显示屏　有许多种LED读出器用于显示数字和字符。它们比液晶显示器更耐用，但它们需要较大的电流。

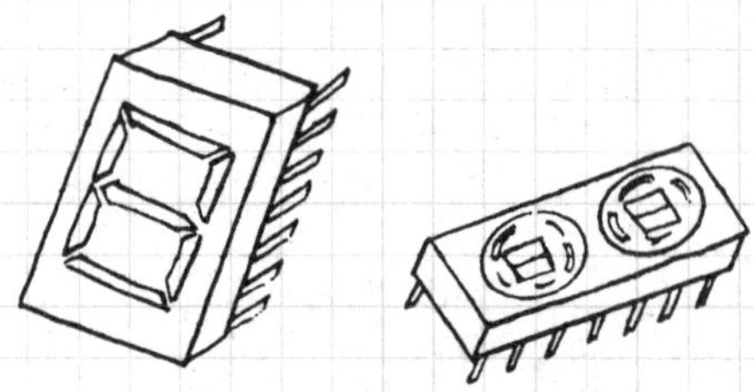

（3）红外LED　红外LED应该叫作红外线发光二极管。它们被用来传递信息，也被用作入侵警报、远程控制设备等。激光二极管是一种特殊的红外LED。一些LED的发射功率为几瓦！

下图所示的两种LED符号图都可以使用。

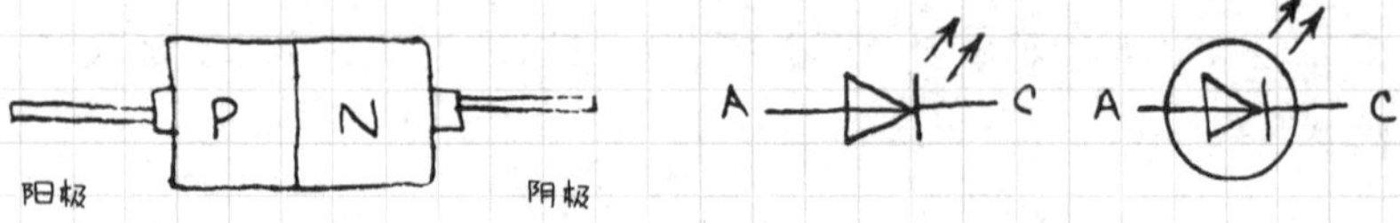

4.3.2 LED的使用方法

LED可以被连续电流或短暂的脉冲电流驱动。当连续工作时，可以通过改变电流来改变光的输出。

（1）LED驱动电路　因为LED是电流驱动的，所以需要通过串联电阻来保护大电流下的LED。有的LED包含一个内置的串联电阻，但大部分都不包含。知道如何确定串联电阻（R_S）的阻值很重要。计算公式如下：

$$R_S=\frac{电源电压-LED电压}{LED电流} 或者 R_S=\frac{V-V_{LED}}{I_{LED}}$$

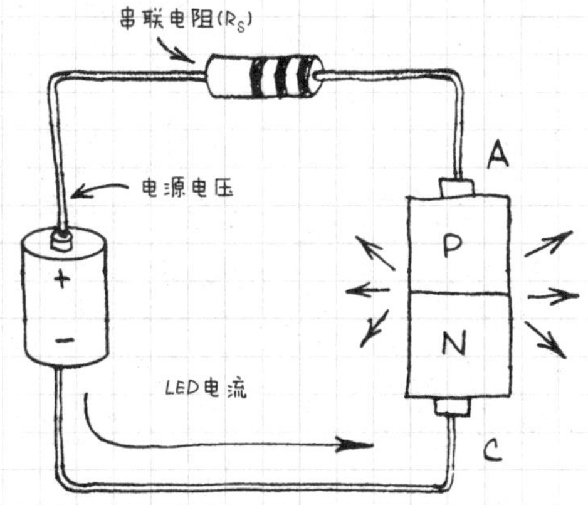

例子　假设想在5V电源电压（V）下控制一个正向电流（I_{LED}）为10mA的红色LED。V_{LED}为1.7V（查表得到）。这样，R_S就是(5－1.7)/0.01，或者说是330Ω。

（2）LED极性指示器　两个反向并联的LED组成了一个极性指示器。当测试电压为交流电时，两个LED都发光。这里必须要使用串联电阻。

（3）脉冲 LED　当连续工作时，一个红外 LED 可能的最大电流为 100mA。当在短暂的电流脉冲驱动下，同一个 LED 可以承受高达 10A 的脉冲。

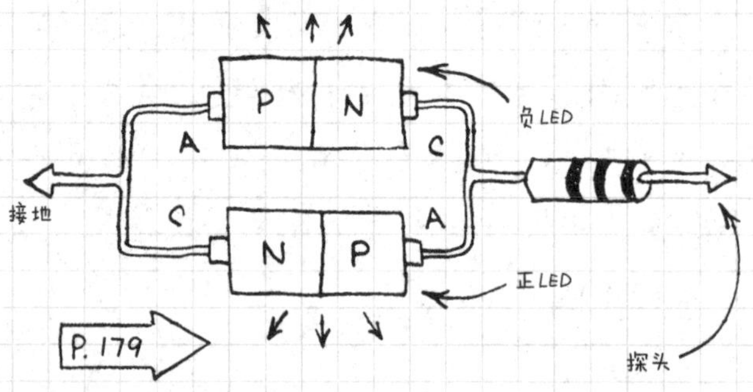

注：如果脉冲没有超过 LED 指定的最高电平，则不需要串联电阻。

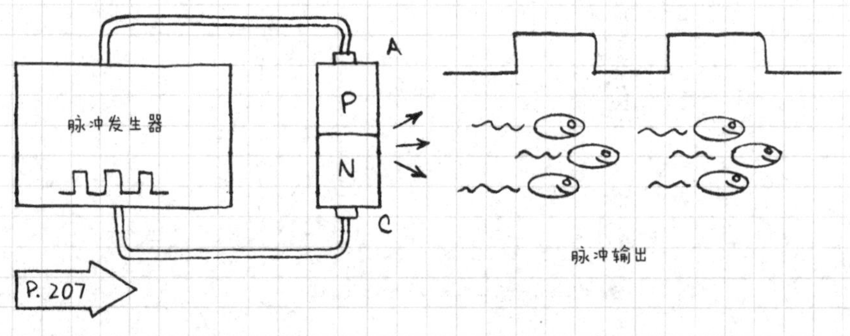

4.4　半导体光电探测器

进入半导体晶体的能量将电子激发到更高的能级，留下空穴。这些电子和空穴可以重新结合，产生光子，或者它们可以离开彼此，形成电流。这就是半导体光电探测器的基础。半导体光电探测器主要有两种，即有PN结的和没有PN结的。

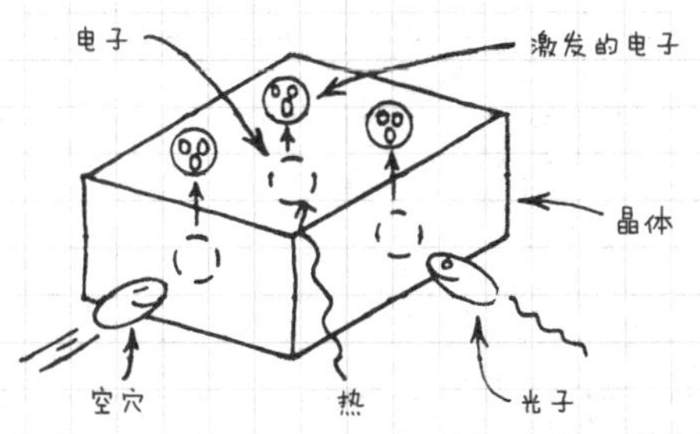

4.4.1 光敏电阻光电探测器

光敏电阻是没有PN结的半导体光探测器。当没有光照的时候，它们的阻值非常高（高达百万欧姆）。当有光照的时候，它们的阻值非常低（只有几百欧姆）。

1. 光敏电阻的使用

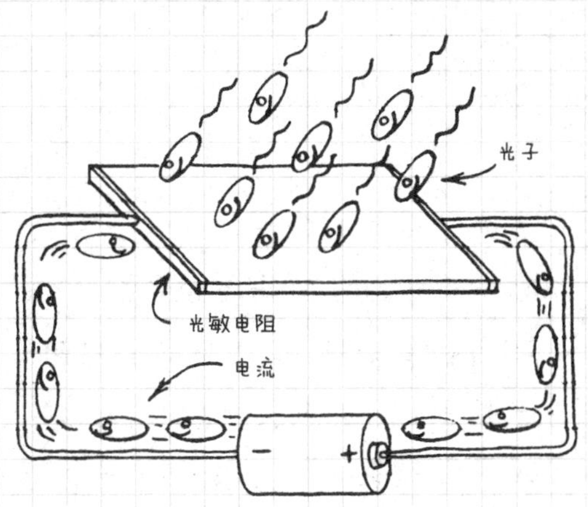

该面板显示了一个光子是如何创造出一个空穴-电子对的。外部电压将会强迫空穴和电子运动。

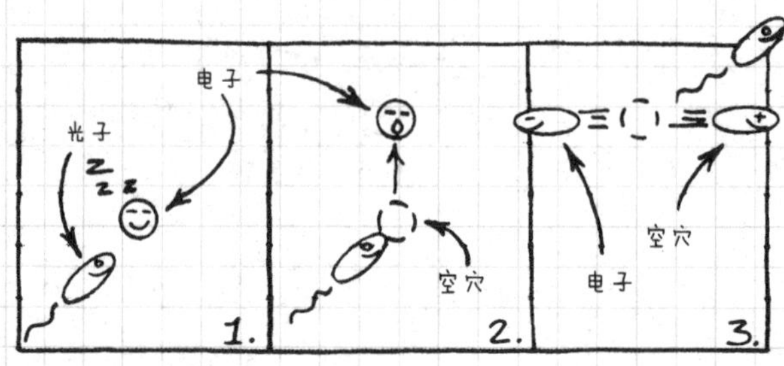

电池电压强迫电子运动，形成电流。

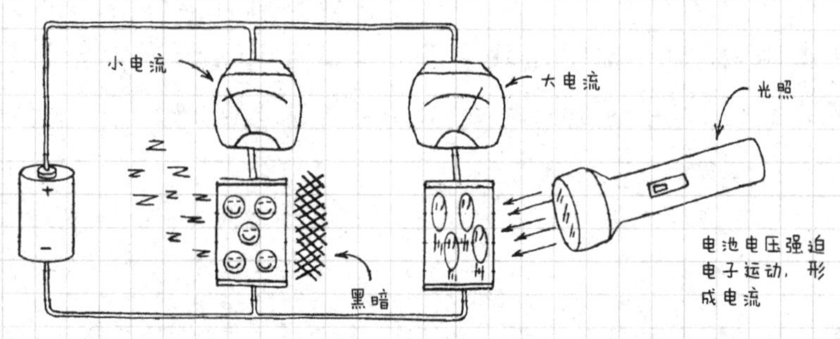

2. 更多关于光敏电阻的使用

这里将介绍一些光敏电阻使用的重点。

1）光敏电阻可能需要几ms或更长的时间才能响应光强度的变化（这很慢）。当光线被移开时，它们可能需要很多时间（通常为n分钟）才能恢复正常的暗电阻（记忆效应）。

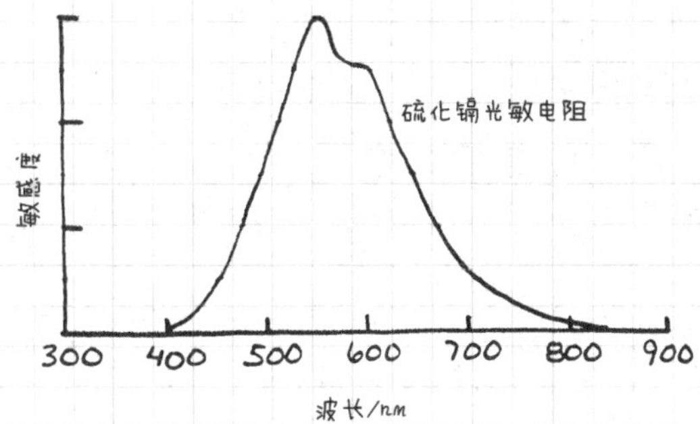

2）通常用硫化镉半导体来制造光敏电阻，它们对光的敏感度与人眼非常相似。硫化铅可以用来探测红外线（输出至3μm）。

3. 光敏电阻的种类

有很多可用的种类，大多数光敏半导体在交错电极之间都有一层涂层来增加暴露面。塑料或玻璃的通光口可能被用到，也可能不被用到。

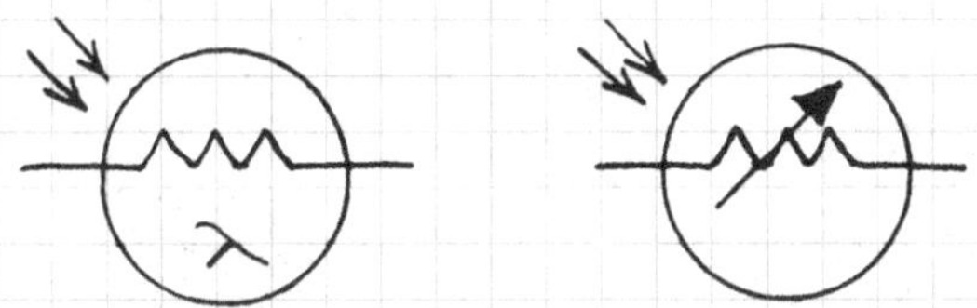

上图所示的两种光敏电阻符号图都可以使用。

4. 光敏电阻的使用方法

光敏电阻用于光控继电器和测光表。

下图所示电路表明电流表测量的是硫化镉光敏电阻的光照强度。

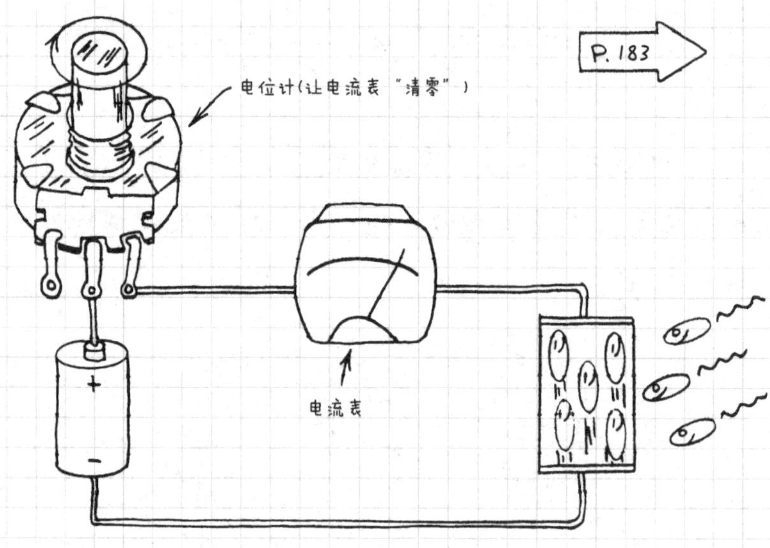

4.4.2 PN结光电探测器

PN结光电探测器是光电半导体中最大的一部分。大部分是用硅制成的，可以检测可见光和近红外光。

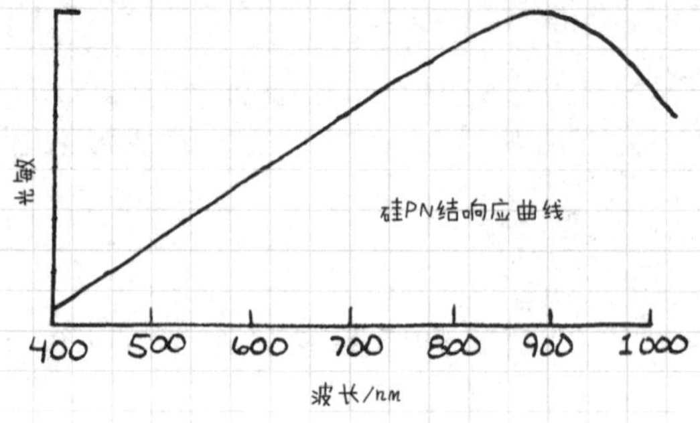

1. 光敏二极管

所有的PN结都是光敏的。光敏二极管是用于检测光的PN结。它们可用于照相机、入侵警报、光波传播器等。

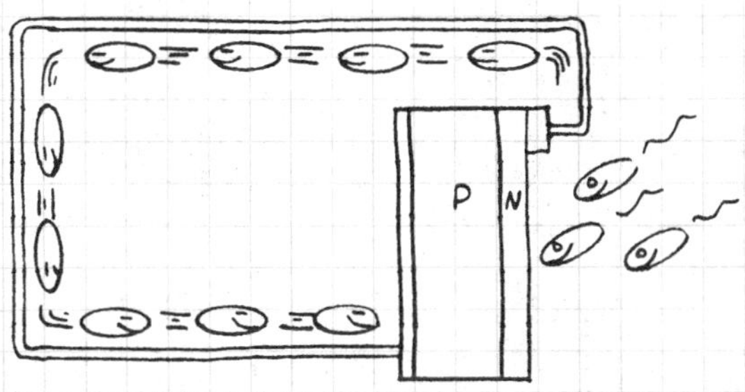

(1) 光敏二极管的使用 一个光子在PN结中将会创造一个空穴-电子对。如果PN结的两端连接起来，则电流就可以流通。下面介绍两种使用方法。

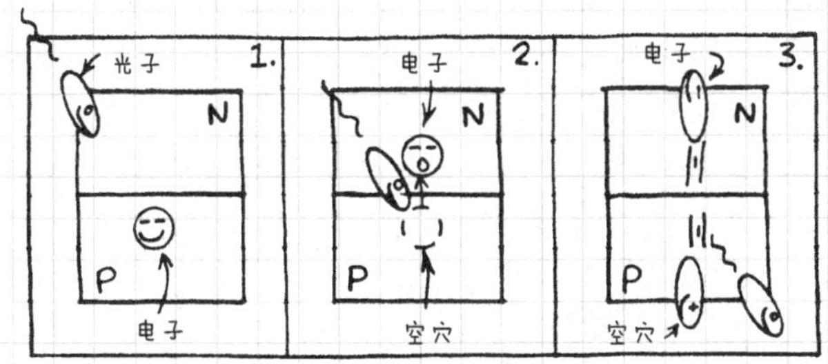

1) 光电池的使用。下面是在光照条件下，光敏二极管会成一个电流源。

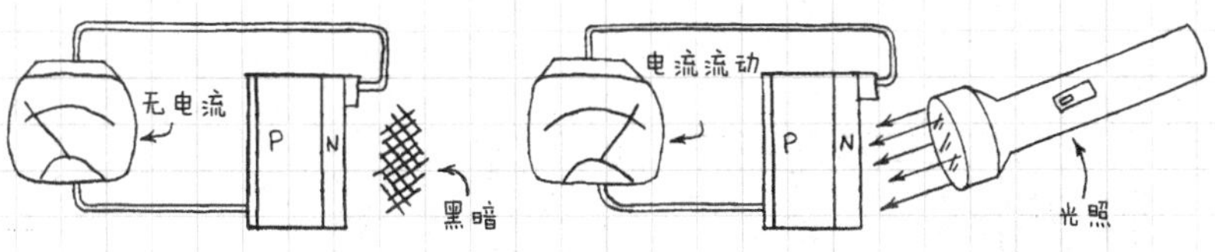

2）光电导的使用． 这里的光敏二极管反向偏置，PN结在光的照射下有电流流动（当无光照射时，会流过一个叫暗电流的小电流）．

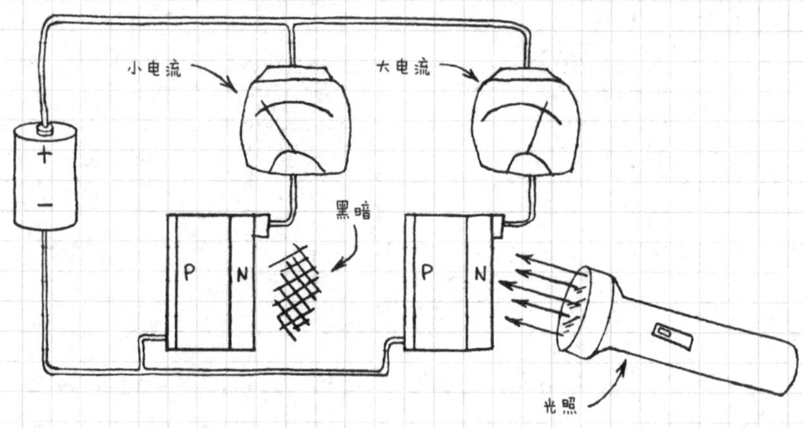

（2）光敏二极管种类 下图所示为一个典型的光敏

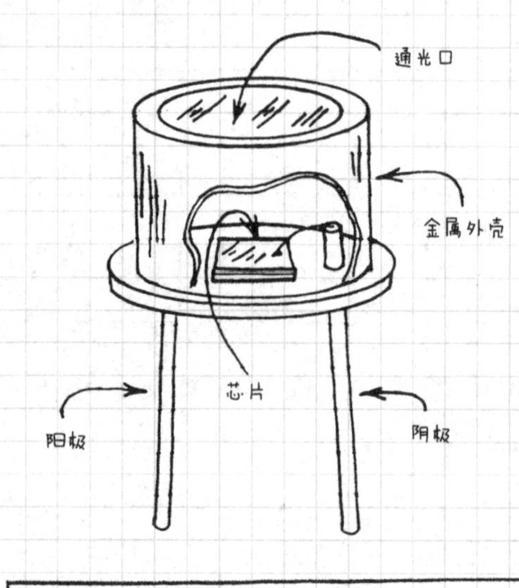

著名事例：LED既能产生也能检测光

二极管，由塑料外壳、内置透镜和过滤器等组成。最重要的区别是半导体芯片的尺寸。可以设计专门的芯片对某些波长的光做出更好的响应。

1）小面积光敏二极管。这些光敏二极管在反向偏置光导模式下有很快的响应速度。

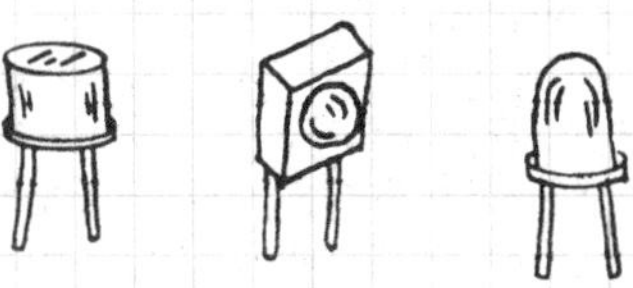

2）大面积光敏二极管。尽管响应速度比小面积光敏二极管慢，但是它们有很高的光敏度。

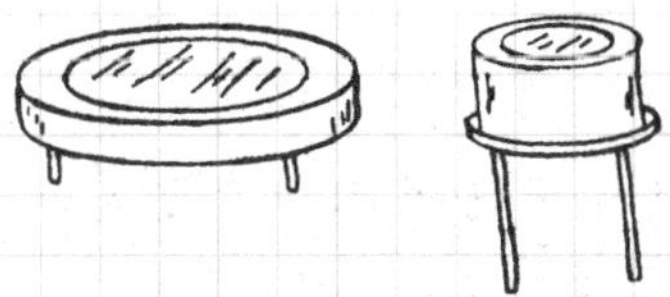

下图所示的两种光敏二极管符号图都可以使用。

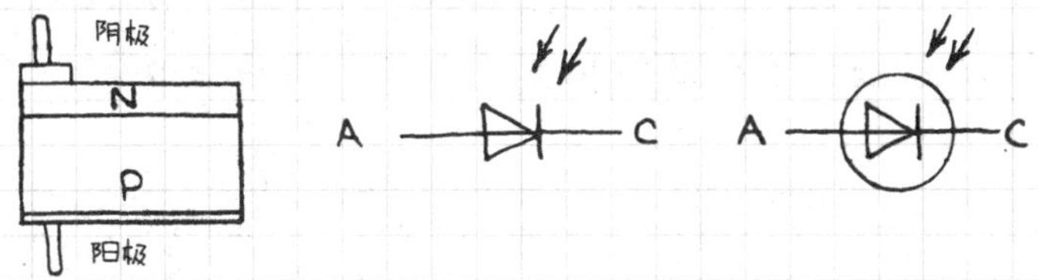

2. 光敏二极管的使用方法

光敏二极管常用于检测近红外光的快速脉冲（在光波通信中）。

下图所示电路提供了一种基本的光电导模式的测光

表。它的响应是线性的。

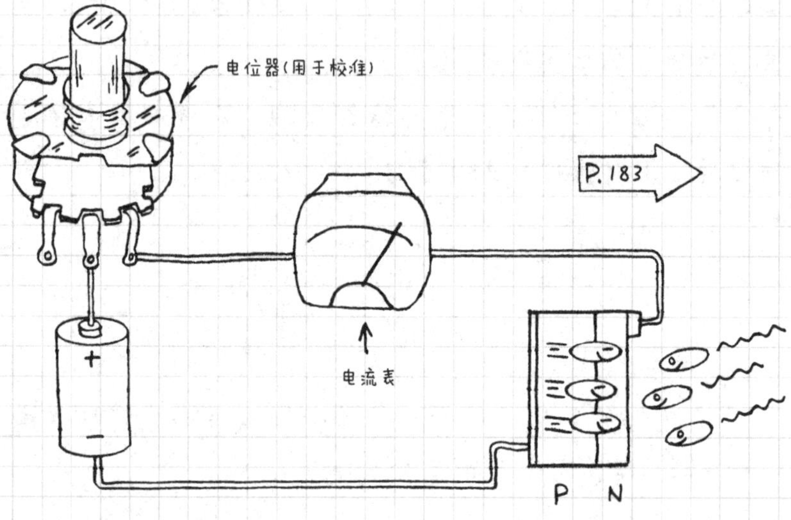

3. 光敏晶体管

所有的PN结都是光敏的。光敏晶体管就是利用这一重要性质设计的。虽然也有光敏FET，但最常见的光敏晶体管是有一个大的暴露基区的NPN结型晶体管。进入基极的光子取代了普通NPN晶体管中的基极-发射极电流。这样，光敏晶体管就直接放大了光子数量的变化。

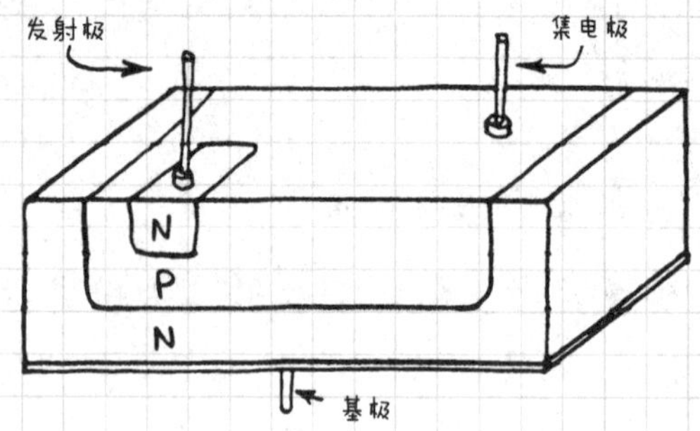

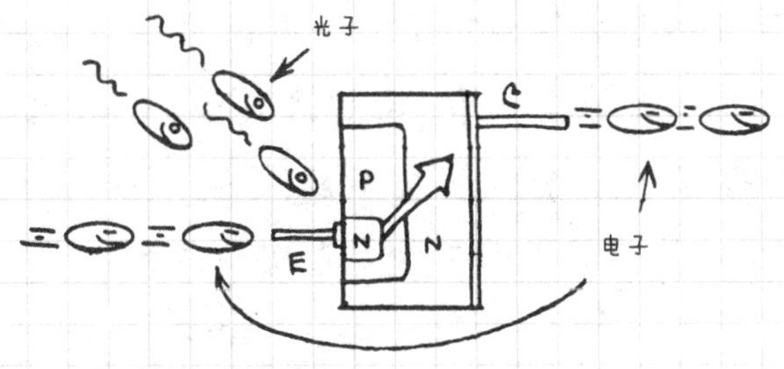

注：基极引脚是可选的。

（1）NPN 型光敏晶体管的使用　NPN 型光敏晶体管有两种类型，一种是上文提到的 NPN 型晶体管，另一种则是使用了两个 NPN 型晶体管来增强放大的效果。

1）NPN 型光敏晶体管。

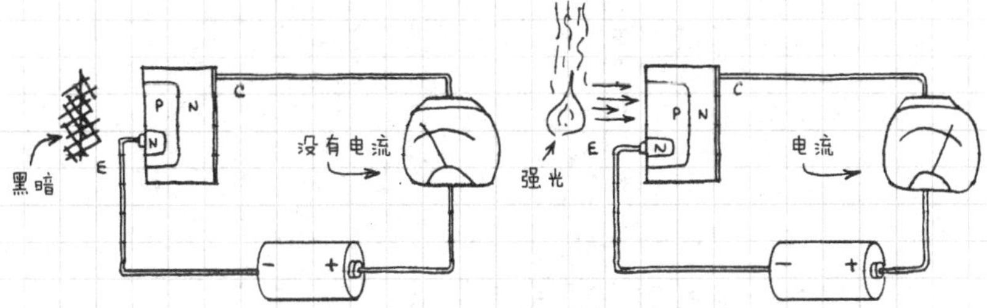

2）光电复合晶体管。这个电路感光效果很好，但它比普通 NPN 型光敏晶体管速度慢。这两种类型都可能有基区引脚，也可能没有。

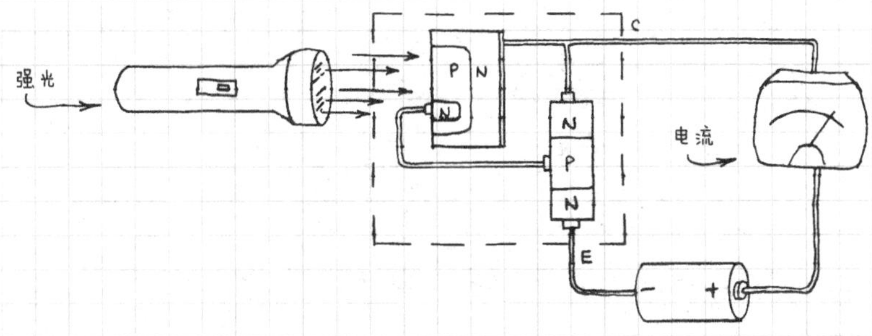

（2）光敏晶体管的种类　下图所示为一个典型的低成本的NPN型光敏晶体管，由金属外壳、玻璃透镜、平的通光口等构成。注意：基极引脚可能存在也可能不存在，很多光敏晶体管电路不使用基极的连接。

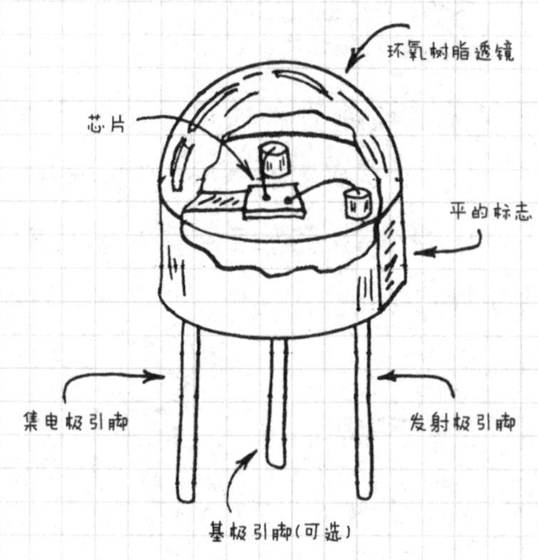

下面这些是典型的光敏晶体管。

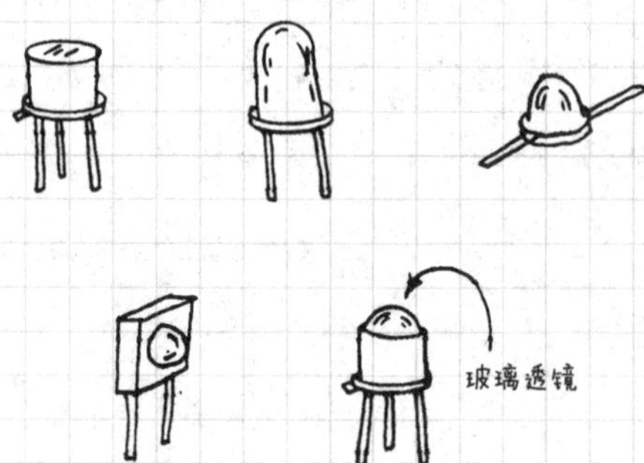

光敏晶体管的符号图如下所示。

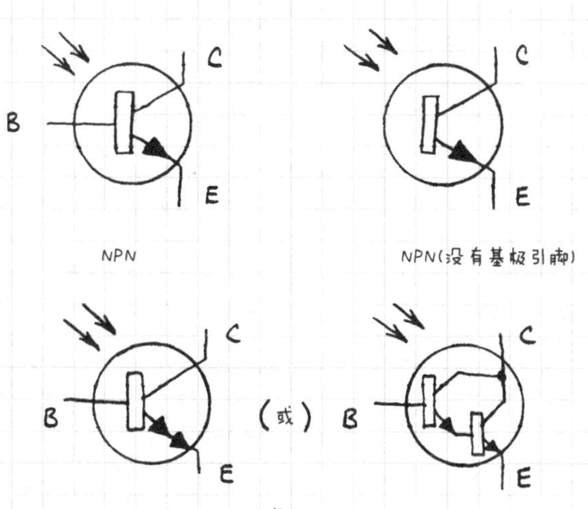

光电复合

4. 光敏晶体管的使用方法

光敏晶体管经常用于检测波动的（AC）光电复合光信号。这个电路用一个稳定的（DC）光来驱动继电器。

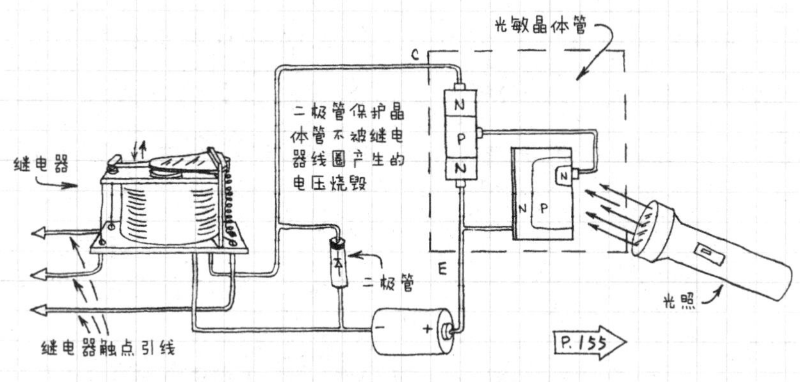

P.155

5. 光控晶闸管

光控晶闸管是用各种光激活晶闸管，可以把它们当作光控开关。其中最重要的一种类型是光控可控硅（LAS-CR），还有一种类型是光控双向晶闸管。这两种都可以像传统晶闸管那样控制大量电流的流动。

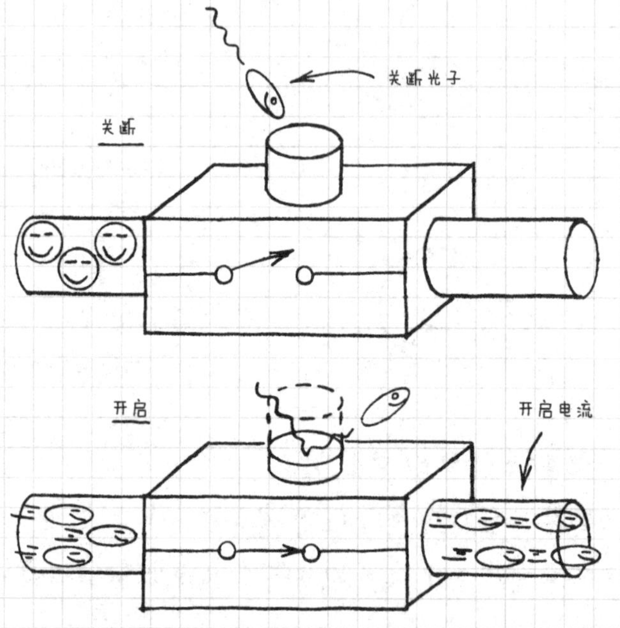

（1）光控 SCR（LASCR） 为了提高对光的敏感度，LASCR 比标准的 SCR 做得更窄。这限制了它们可控制的电流大小。为了应用在大电流电路中，LASCR 可以驱动常规的 SCR。

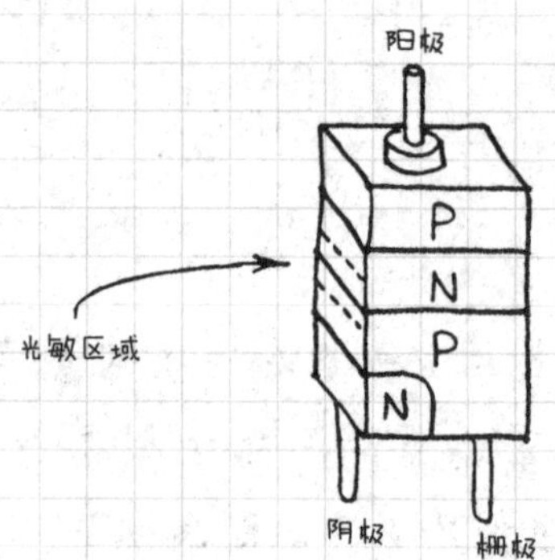

（2）LASCR的种类　大部分LASCR可以工作在最大电压为几百伏的电路中，而最大电流只有零点几安培。

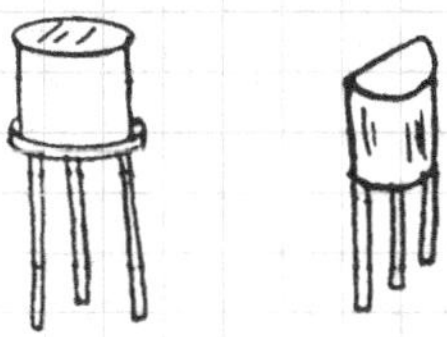

6. LASCR的使用方法

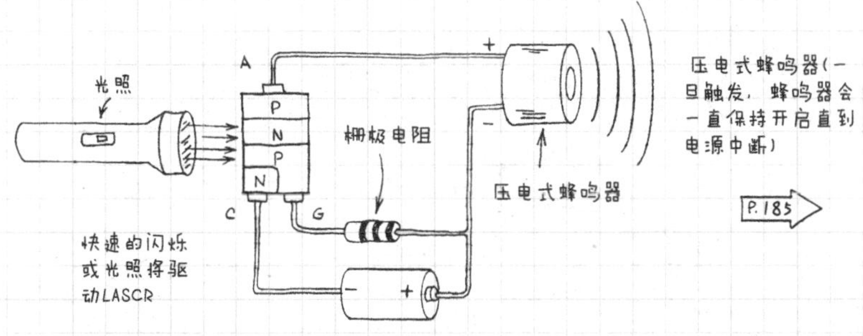

7. 太阳电池

太阳电池是具有很大光敏区的PN结光敏二极管。单硅太阳电池在明亮的阳光下会产生0.5V电压。

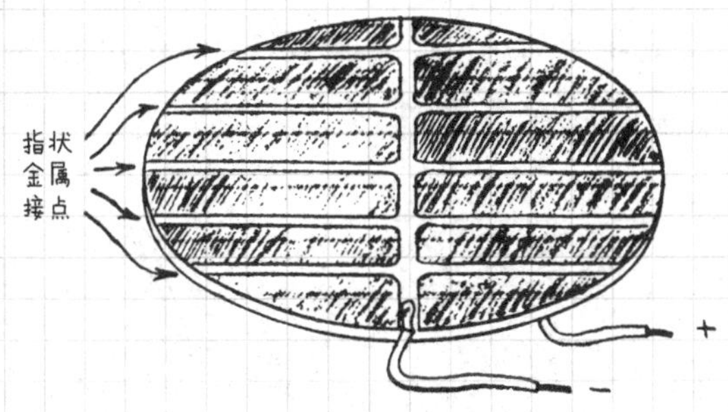

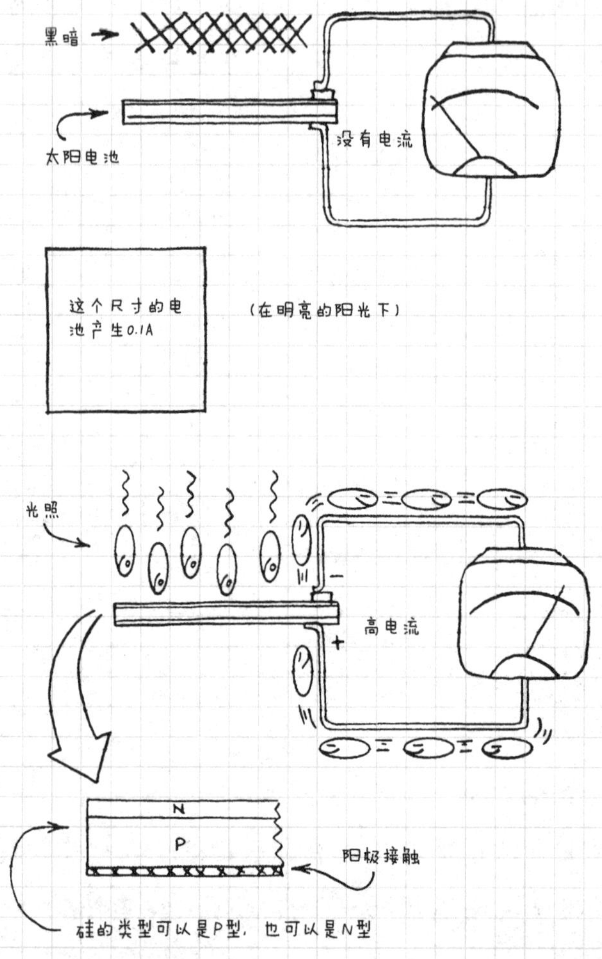

（1）太阳电池的种类　太阳电池有很多种，通常单个电池会进行串联或者并联。

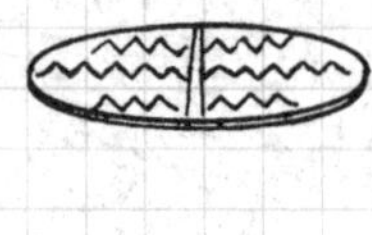

（2）太阳电池的符号图.

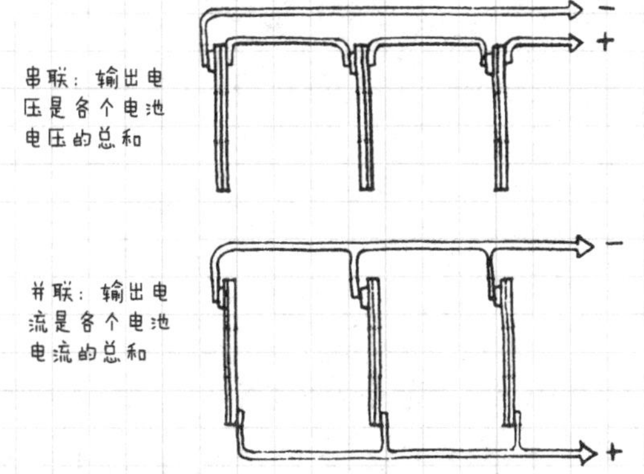

记住，电池可能是P在N的上面.

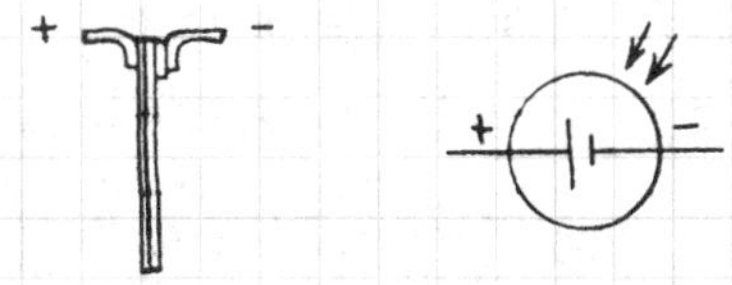

8. 太阳电池的使用方法

太阳电池阵列能给可充电的电池充电.

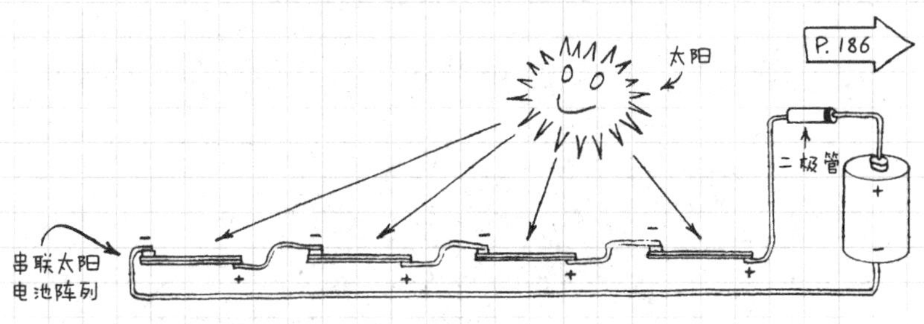

5

集成电路

在小的硅芯片上同时制作晶体管、二极管和电阻可以制成电子电路。这些元器件通过沉积在芯片表面的铝“线”互相连接，形成了一个集成电路。集成电路（IC）可以包含少至几个，多至成百上千个晶体管。它们构成了电子游戏机、数字手表、价格低廉的计算机和许多其他尖端产品。下面是双极型集成电路的一个简化和高度放大的视图。

1）电阻。一小部分P型硅形成电阻器。

2）二极管。PN结形成了一个二极管。

3）晶体管。一对PN结形成了一个NPN型晶体管。

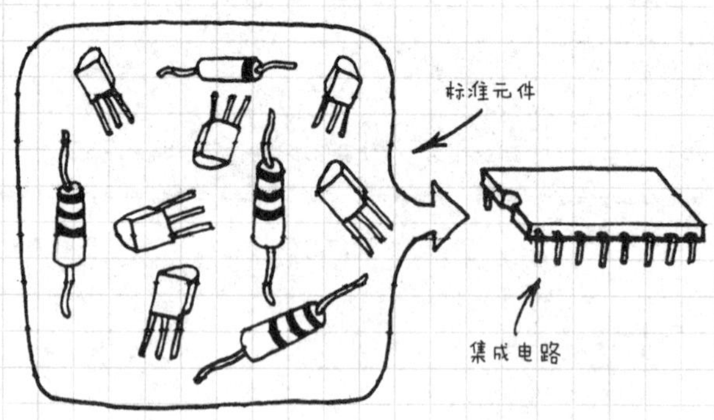

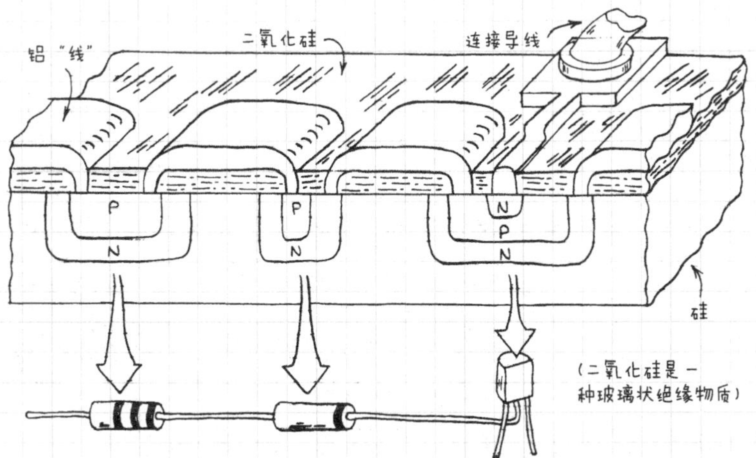

当然，IC的高度放大部分中的常规元器件不是按同种比例绘制的。比如，一种在硅芯片上有262144个晶体管的IC，面积大约只有1/4in²。

(1) 集成电路的种类　集成电路主要分为以下两种：

1) 模拟（或线性）IC产生、放大或响应可变电压。模拟IC包括多种放大器、定时器、振荡器和电压调节器。

2) 数字（或逻辑）IC响应或产生只有两个电压电平的信号。数字IC包括微处理器、存储器、微型计算机和各种更简单的芯片。

一些IC将模拟和数字功能结合在一块芯片上。例如，一个数字芯片中可能包含一个内置的模拟电压调节器。一个模拟定时器芯片中可能包含一个片上数字计数器，用来提供比单独使用定时器更长的时间延迟。

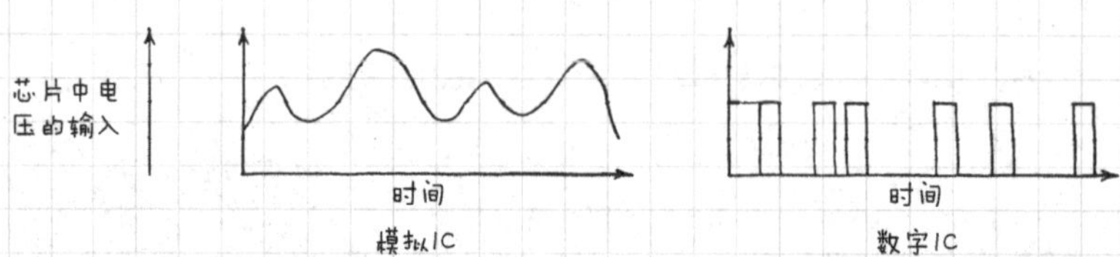

（2）集成电路封装种类 IC芯片有多种不同类型的封装。到目前为止，最常见的是双列直插式封装（DIP）。DIP是由塑料（便宜）或陶瓷（更坚固）制成的。大部分DIP有14或16个引脚，但它的引脚数的范围可以扩展到4～64。下面是一种典型的DIP封装。

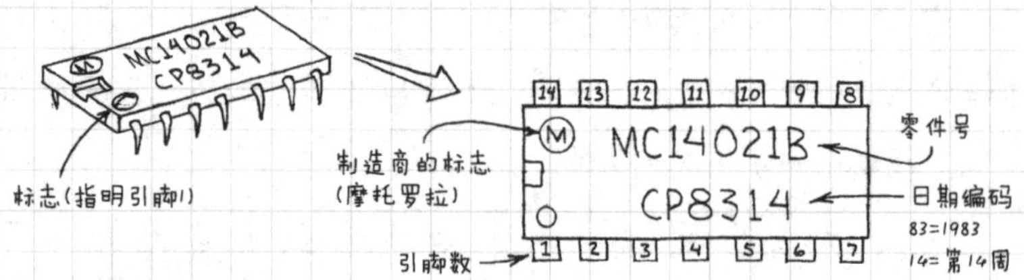

另一种封装类型是TO-5金属外壳封装。尽管它们坚固耐用，但在许多情况下，还是使用更便宜的塑料DIP封装来代替它们。

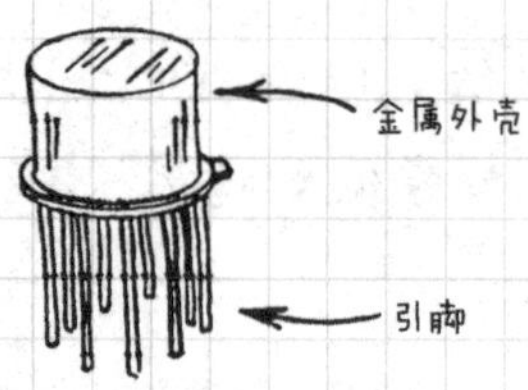

6

数字集成电路

无论如何复杂，所有的数字集成电路都是由称为门的简单的“积木”构成的。门就像一个电子控制开关，它们既可以开启，也可以关断。门是如何工作的呢？下面就让我们从最基本的开始学起。

6.1 机械门开关

三种最简单的门电路可以用一些按键式开关、电池和灯来演示。

1. “与”门开关

只有当开关A和B都闭合时，白炽灯才会发光。表格总结了门的操作，它叫作真值表。

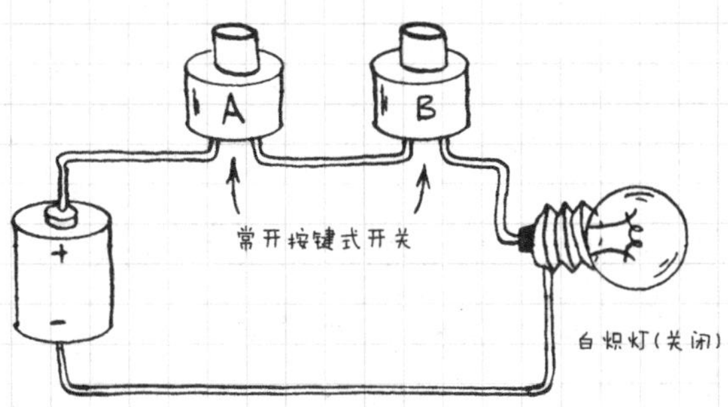

开关断开=关闭
开关打开=开启

A	B	输出
关	关	关
关	开	关
开	关	关
开	开	开

所有可能的开关组合

2. “或”门开关

当开关A或开关B或开关A和B都闭合时，白炽灯发光。下面是它的真值表。

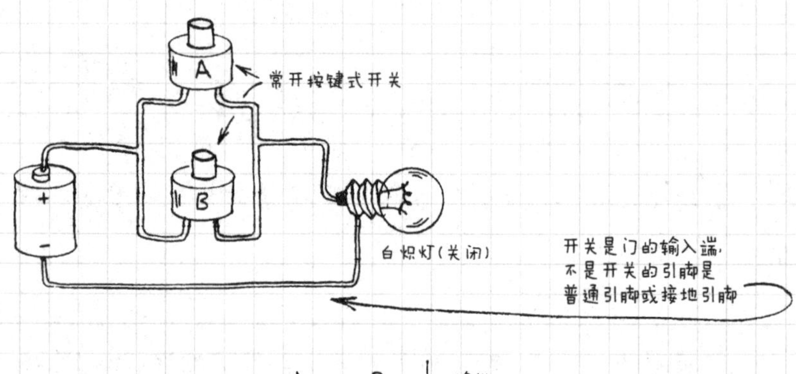

A	B	输出
关	关	关
关	开	开
开	关	开
开	开	开

3. “非”门开关

白炽灯一直发光，直到开关断开才关闭。换句话说，“非”门颠倒（反转）开关的动作。下面是它的真值表。

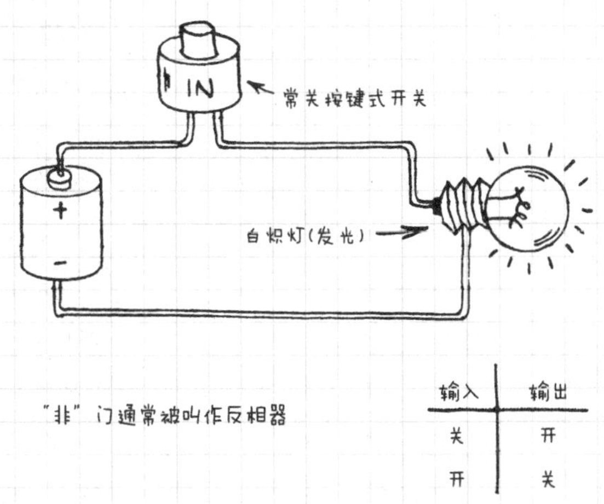

"非"门通常被叫作反相器

输入	输出
关	开
开	关

6.1.1 二进制连接

可以用数字0和1代替开关的开关状态。前一页中的门的真值表就可以变成：

"与"门

A	B	输出
0	0	0
0	1	0
1	0	0
1	1	1

"或"门

A	B	输出
0	0	0
0	1	0
1	0	0
1	1	1

"非"门

输入	输出
0	1
1	0

0和1的输入（A和B）组合能形成两位的二进制数系统中的全部数字。在数字电路中，二进制数的编码可以表示十进制数、字母表中的字母、电压和许多其他类型的信息。

十进制	二进制	二进制编码的十进制
0	0	0000 0000
1	1	0000 00001
2	10	0000 0010
3	11	0000 0011
4	100	0000 0100
5	101	0000 0101
6	110	0000 0110
7	111	0000 0111
8	1000	0000 1000
9	1001	0000 1001
10	1010	0001 0000
11	1011	0001 0001
12	1100	0001 0010
13	1101	0001 0011
14	1110	0001 0100
15	1111	0001 0101

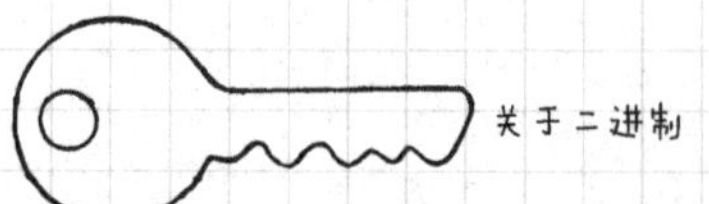

1 位二进制数 0 或 1 是一位。

4 位二进制数是一个半字节。

8 位二进制数是一个字节。

BCD 编码中每个十进制数字都可以被等价替换为二进制数。注意每个二进制数前的数字为零，在数字电路中，所有的位都需要被占据。

二进制数可以通过线（总线）一次性（并行）或一次一位（串行）发送。下图所示为15…14…13…12的串行和并行传输。

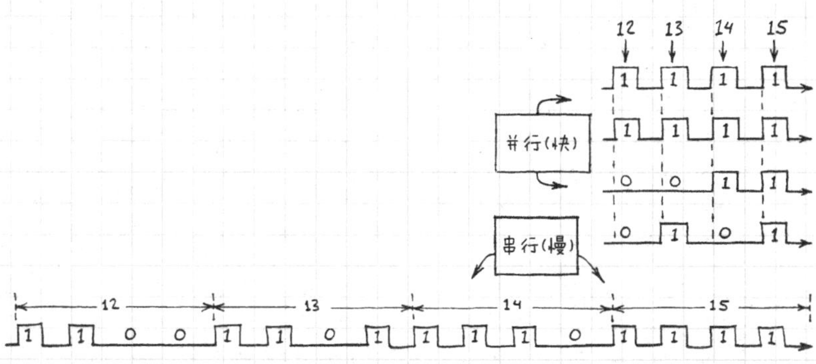

6.1.2 二极管门

通常需要用电而不是机械来控制一个门。最简单的电控门是用PN结二极管通过一个几V的输入信号（二进制中的1或高电平）或者一个接地的输入信号（二进制中的0或低电平）来进行开启（正向偏置）或关断（反向偏置）的。

1. 二极管“或”门

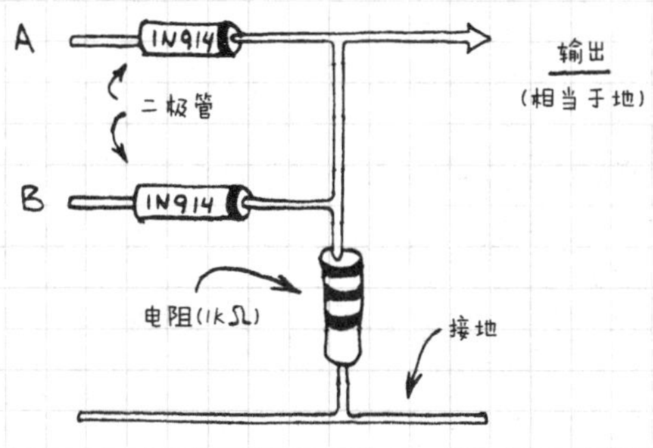

当A或B的输入电压比地的电压高时，二极管正向导通，输入电压通过输出端输出，否则输出电压将接近于地。真值表中的输入为0V（0或低电平）和+6V（1或高电平）。

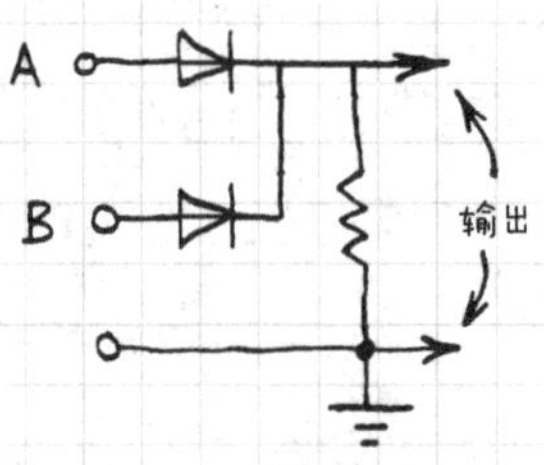

A	B	输出
0V	0V	0V
0V	6V	5.4V
6V	0V	5.4V
6V	6V	5.4V

输出电压在高电平时没能达到6V，这是因为二极管需要一个0.6V的正向导通电压，因此从输出电压中减去了这个电压（在电子术语中，硅二极管造成了0.6V“电压降”）。

2. 二极管“与”门

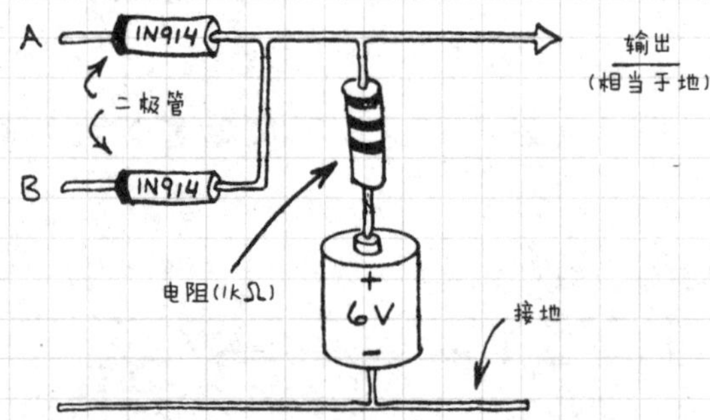

当A和B的输入电压都比地的电压高时，电流从电池通过电阻流向输出端。如果A和B中有一端的电压接近于地，一个或两个二极管都正向导通，则电流将不会流向输出端。

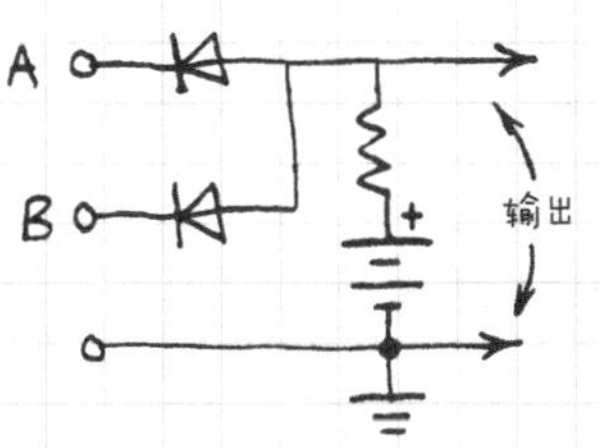

A	B	输出
0V	0V	0V
0V	6V	0.5V
6V	0V	0.5V
6V	6V	5.4V

当电路变得更复杂时，图像视图就不实用了。这就是为什么使用了上面所示的电路图。在后面我们会看到更多关于电路图的知识，同时也会看到更多的电路图。

6.1.3 晶体管门

二极管门的电压降意味着，如果要连接一系列的门电路，则需要放大电压。而晶体管可以提供必要的放大，所以晶体管可以用作一个门。双极型晶体管和场效应晶体管都可以被使用。本节将介绍一些最简单的双极型晶体管门电路的电路图。它们一起组成电阻-晶体管数字逻辑电路。可以自己搭建这些门电路，但它们放在这里的主要原因是为了让读者对即将要学习的集成电路门加深理解。

1. “非”门（反相器）

当输入电压为+V（二进制的1或高电平）时，Q1晶体管开启并且将输出直接接地（二进制的0或低电平）。当输入为低电平时，Q1关断，输出变成（通过R1）+V。这样的“非”门让新的逻辑门变得重要。

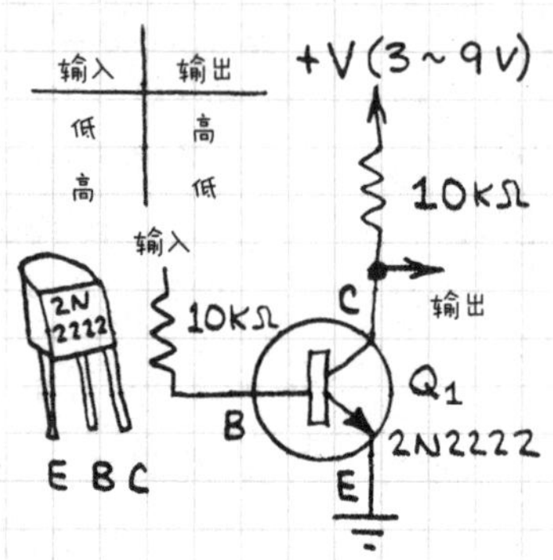

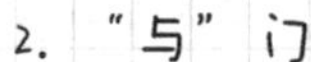

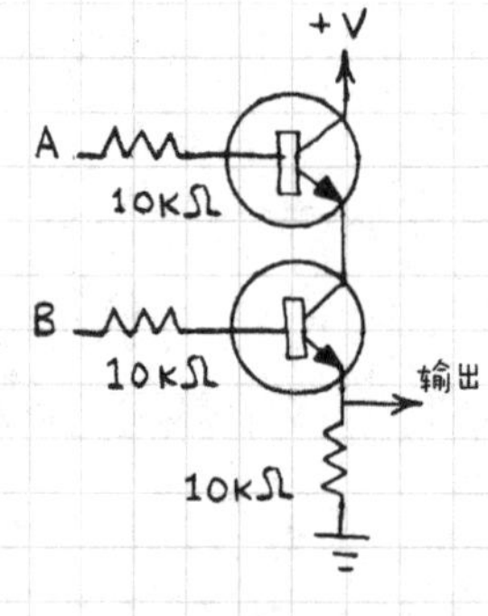

A	B	输出
低	低	低
低	高	低
高	低	低
高	高	高

所有的门都使用2N222或其他常见的NPN型晶体管。

3. “或” 门

A	B	输出
低	低	低
低	高	高
高	低	高
高	高	高

（不需要额外的晶体管）

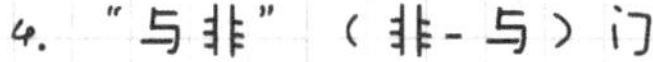

4. “与非”（非-与）门

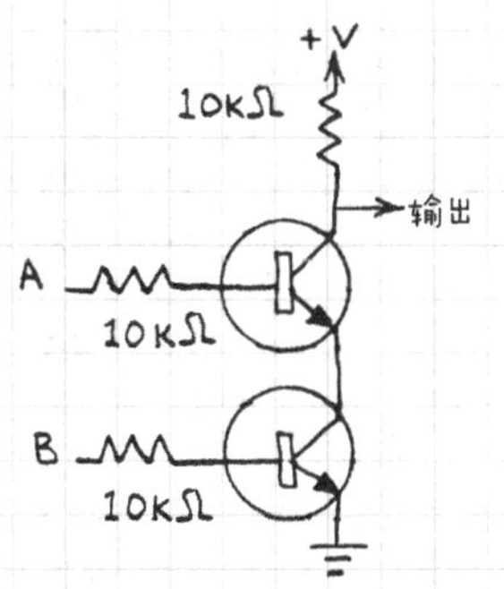

A	B	输出
低	低	高
低	高	高
高	低	高
高	高	低

所有门的+V电压可以是+3V～+9V。

5. “或非”（非-或）门

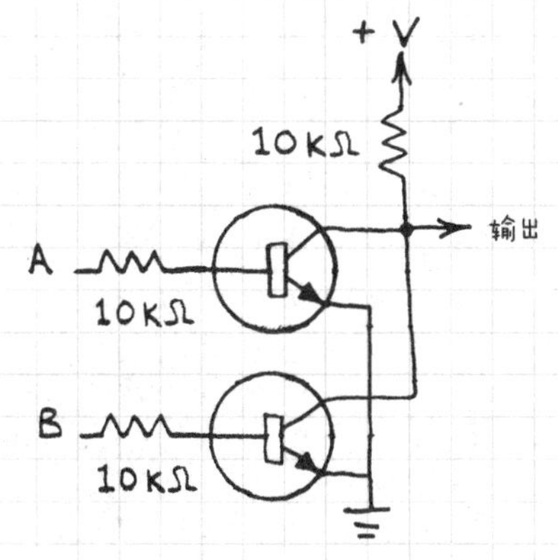

A	B	输出
低	低	高
低	高	低
高	低	低
高	高	低

和“与非”门一样，“非”门的功能是晶体管“自带”的。

6.1.4 门的符号图

在学习数字集成电路之前，先了解一下几种门的符号图。这也是一个介绍之前没有讲的几种门的好机会。

1. “与”门

A

B

输出

A	B	输出
低	低	低
低	高	低
高	低	低
高	高	高

2. “与非”门

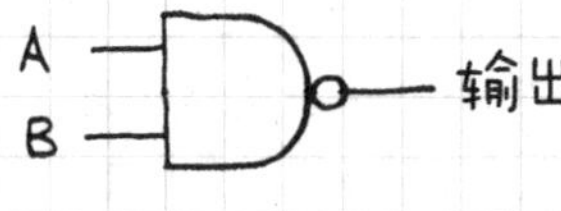

A	B	输出
低	低	高
低	高	高
高	低	高
高	高	低

3. “或”门

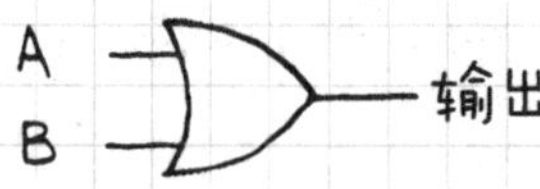

A	B	输出
低	低	低
低	高	高
高	低	高
高	高	高

4. “或非”门

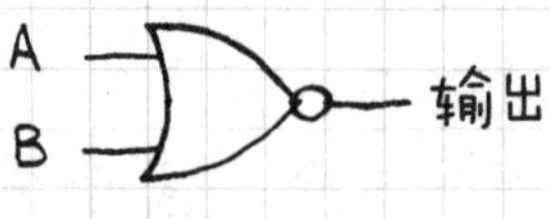

A	B	输出
低	低	高
低	高	低
高	低	低
高	高	低

5. “异或”门

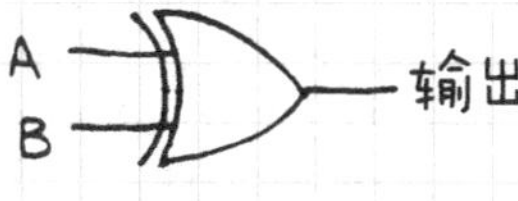

A	B	输出
低	低	高
低	高	高
高	低	高
高	高	低

6. “同或”门

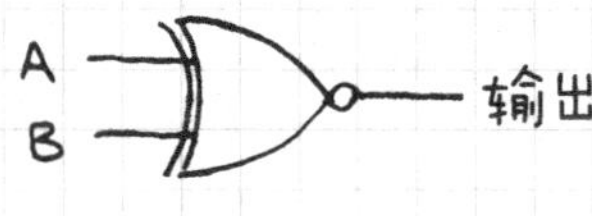

A	B	输出
低	低	高
低	高	低
高	低	低
高	高	高

多于两个输入的逻辑门。下图所示的门被称为逻辑电路，因为它们是通过逻辑进行判断的。逻辑门通常有多余两个的输入端，额外的输入端增加了逻辑门做判断的功耗。它们也增加了逻辑门连接到其他逻辑门的方式，从而形成更复杂的数字逻辑电路。下面介绍两种例子。

7. 三输入“与”门三输入

A
B
C

A	B	C	输出
低	低	低	低
低	低	高	低
低	高	低	低
低	高	高	低
高	低	高	低
高	低	高	低
高	高	低	低
高	高	高	高

8. “与非”门

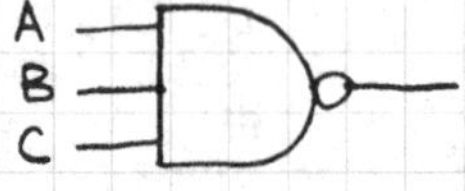

A	B	C	输出
低	低	低	高
低	低	高	高
低	高	低	高
低	高	高	高
高	低	低	高
高	低	高	高
高	高	低	高
高	高	高	低

单输入门.“非”门或反相器非常重要,因为它可以使来自另一个门的输出信号反转(颠倒).严格来说,反相器不是一个可以做出判断的电路(如有两个和多个输入的门).缓冲器和反相器十分相近,它是一个不能反相的电路,将门与其他电路隔离开,或者允许门驱动更多的负载.三态反相器和缓冲器的一个输出端可以与电路上的其余部分不连接.该输出既不是高也不是低,而是悬空,并且会有一个很高的阻抗.

9. 缓冲器

输入 输出

输入	输出
低	低
高	高

10. 反相器（“非”门）

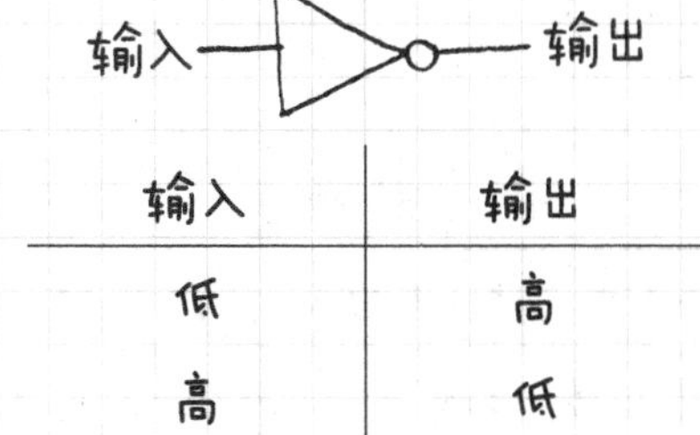

输入	输出
低	高
高	低

11. 三态缓冲器

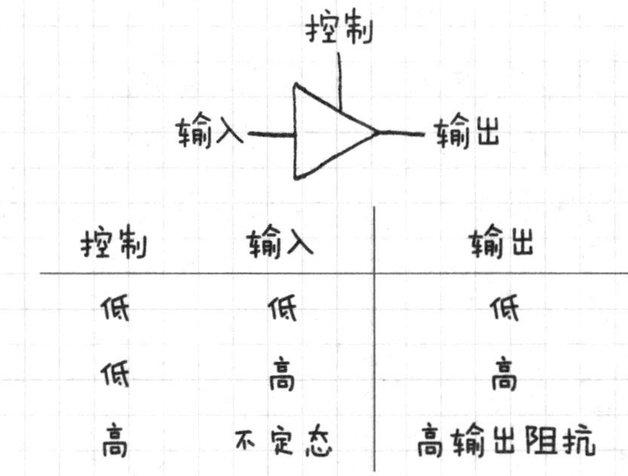

控制	输入	输出
低	低	低
低	高	高
高	不定态	高输出阻抗

12. 三态反相器

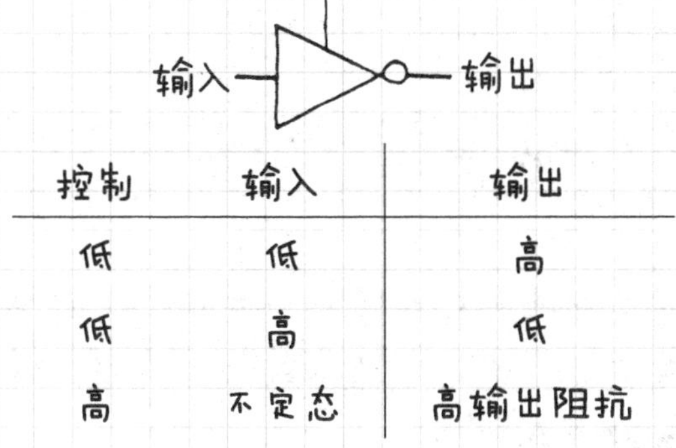

控制	输入	输出
低	低	高
低	高	低
高	不定态	高输出阻抗

6.2 数据“公路”

通常门电路用来交换信息（二进制的“0”和“1”被编码成低电平和高电平）。用来传递信息的导线称为总线。总线就像是一条数据高速公路。它可以是用来串行（一位接一位）传递信息的一根线，也可以是并行（一次一个字节或者更多）传递信息的8根线（或者更多）。在两种情况下，地线当然都是实现电路必不可少的。

三态交通警察——三态门可以防止总线上的交通拥堵，如下例：

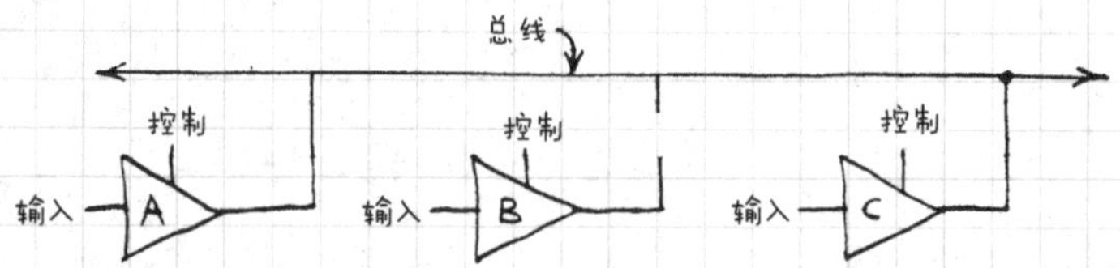

数据只有进入选中的缓冲器（控制=低）才能控制总线。

6.3 门的使用方法

门可以单独使用或者连在一起形成一个叫逻辑电路的门级“网络”。逻辑电路可以分成两类，即组合逻辑电路和时序逻辑电路。

6.3.1 组合逻辑电路

组合逻辑电路几乎可以立即响应输入数据（0或1），而不考虑之前的状态（当你学到时序逻辑电路时再考虑这一点将更有意义）。组合逻辑电路既可以很简单，也可以非常复杂。几乎所有组合逻辑电路只用“与非”或者“或非”门就可以实现。例如下面这些“与非”门电路。

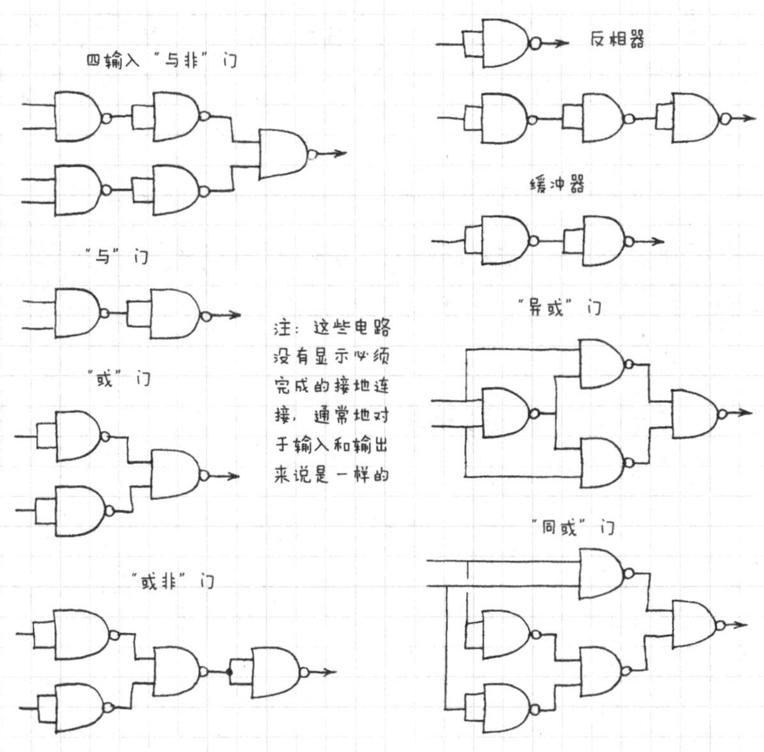

不同种类门之间的连接。这里有两个用了多于一种

门的组合网络的例子（记住，这些电路都可以完全使用“与非”门来搭建）。

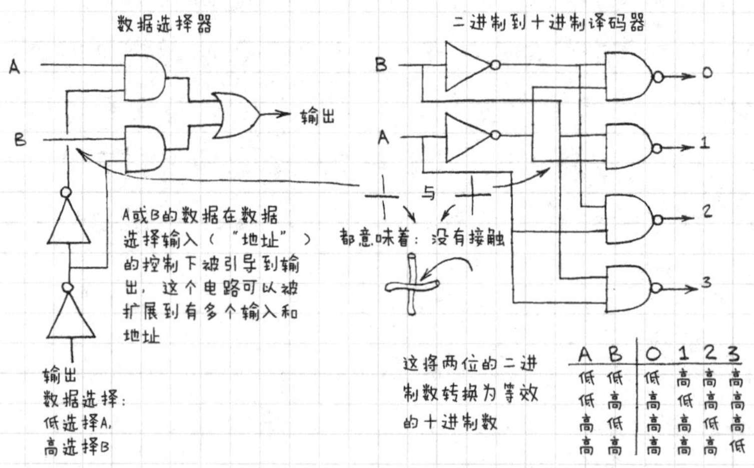

A	B	0	1	2	3
低	低	低	高	高	高
低	高	高	低	高	高
高	低	高	高	低	高
高	高	高	高	高	低

复杂的组合网络。下面是几个四种主要的组合网络中的简单的例子。它们和很多其他的网络在集成电路中都是可用的。下图中的盒子是逻辑电路的符号图，代表复杂的门级网络。

1. 多路复用器（数据选择）

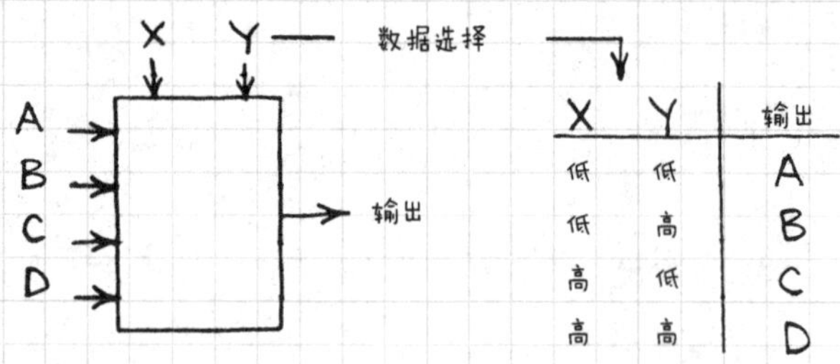

X	Y	输出
低	低	A
低	高	B
高	低	C
高	高	D

2. 多路分配器

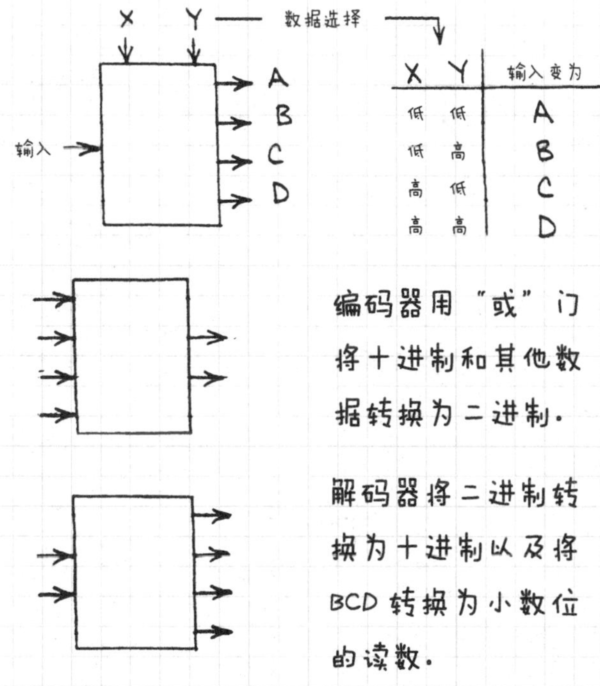

编码器用“或”门将十进制和其他数据转换为二进制。

解码器将二进制转换为十进制以及将BCD转换为小数位的读数。

6.3.2 时序逻辑电路

时序逻辑电路的输出状态由输入的上一状态决定。换句话说，位数据通过时序电路逐步移动。通常，当接收到一个“时钟”（发出稳定的脉冲流的电路）来的脉冲时，数据就向前推进一步。时序逻辑是由触发器构成的。

下面是一个触发器的简介。

1. 基本RS（复位-置位）触发器

也叫锁存器。输出（Q和$\bar{Q}$）总是相反的状态（$\bar{Q}$表示“非Q”）。

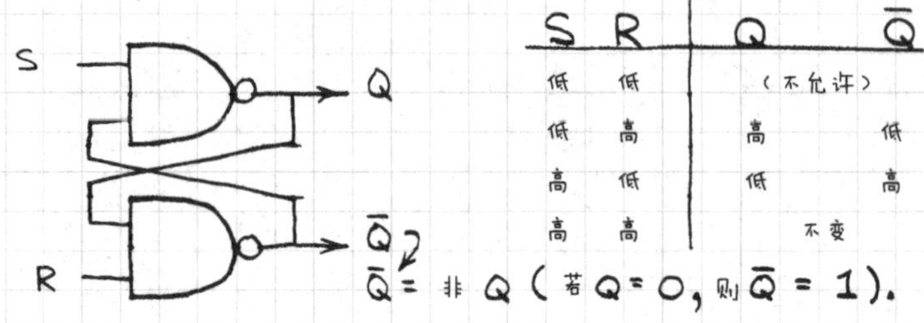

S	R	Q	$\overline{Q}$
低	低	（不允许）	
低	高	高	低
高	低	低	高
高	高	不变	

2. 时钟RS触发器

这个锁存器忽略S和R端的数据直到“时钟”（或许可）脉冲到达，然后状态改变。

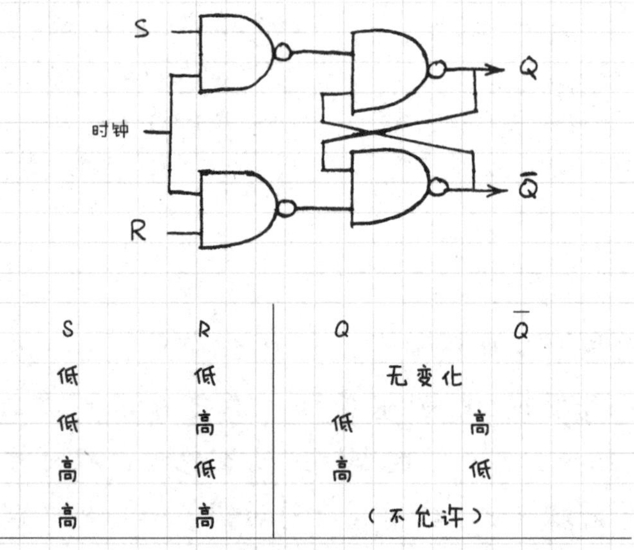

S	R	Q	$\overline{Q}$
低	低	无变化	
低	高	低	高
高	低	高	低
高	高	（不允许）	

时钟脉冲到达后有效。

3. D（数据或延迟）触发器

D触发器在时钟脉冲间储存输出电流。

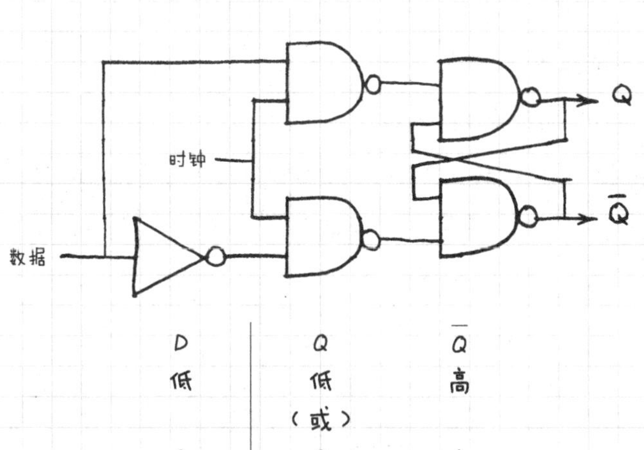

D	Q	$\overline{Q}$
低	低	高
	（或）	
0	0	1
1	1	0

时钟脉冲到达后有效。

4. JK触发器

JK触发器允许两个输入端都为“高”（在这种情况下，它的输出在每个时钟脉冲上都“翻转”或改变状态）。

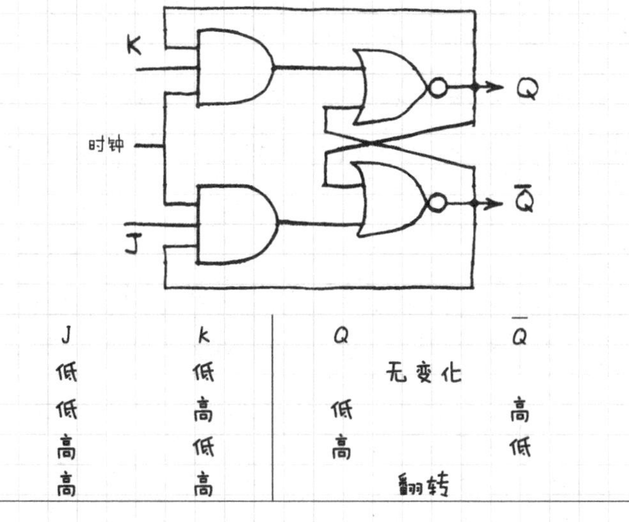

J	K	Q	$\overline{Q}$
低	低	无变化	
低	高	低	高
高	低	高	低
高	高	翻转	

时钟脉冲到达后有效。

5. T（翻转）触发器

输出端Q（或$\overline{Q}$）在每个输入脉冲中对应的是“低”（或“高”）。因此输入脉冲被二分频。下面是一些搭建“T”触发器的方法。

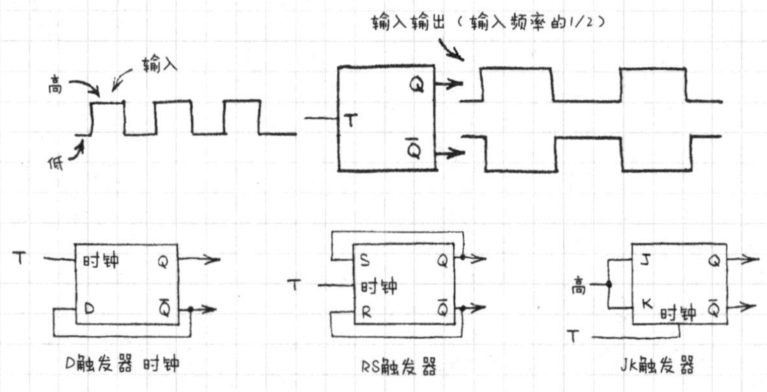

6. D触发器的数据存储寄存器

当“时钟”输入被选通（有一个脉冲）时，四个D触发器组成的存储寄存器或存储器“加载”（保存）四位半字节在A～D的输入端。有很多种类型的IC寄存器可用。

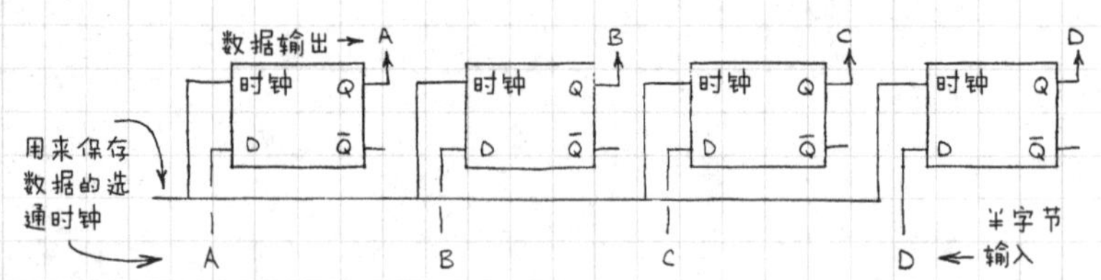

7. T触发器的计数器

下面解释四个T触发器是如何组成一个四位二进制

计数器的。

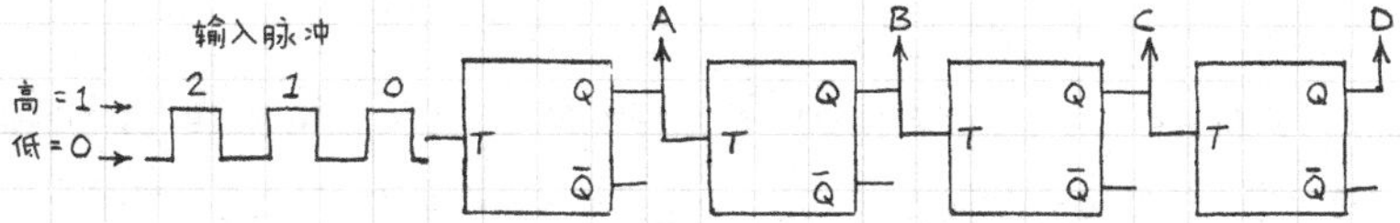

计数	D	C	B	A
0	0	0	0	0
1	0	0	0	1
2	0	0	1	0
3	0	0	1	1
4	0	1	0	0
5	0	1	0	1
6	0	1	1	0
7	0	1	1	1
8	1	0	0	0
9	1	0	0	1
10	1	0	1	0
11	1	0	1	1
12	1	1	0	0
13	1	1	0	1
14	1	1	1	0
15	1	1	1	1

每个T触发器都能将输入脉冲分频。如真值表所示，输出结果是从0000~1111的二进制计数。到第16个输入脉冲之后，计数回到0000开始新一轮的技术。IC计数器的种类有很多，其中大部分都包含关键的功能（向上计数或向下计数、复位等）。

6.3.3 组合-时序逻辑系统

下面用一个简单的数字逻辑系统介绍组合逻辑和时序逻辑IC是如何形成一个十进制计数器电路的.

1. 框图

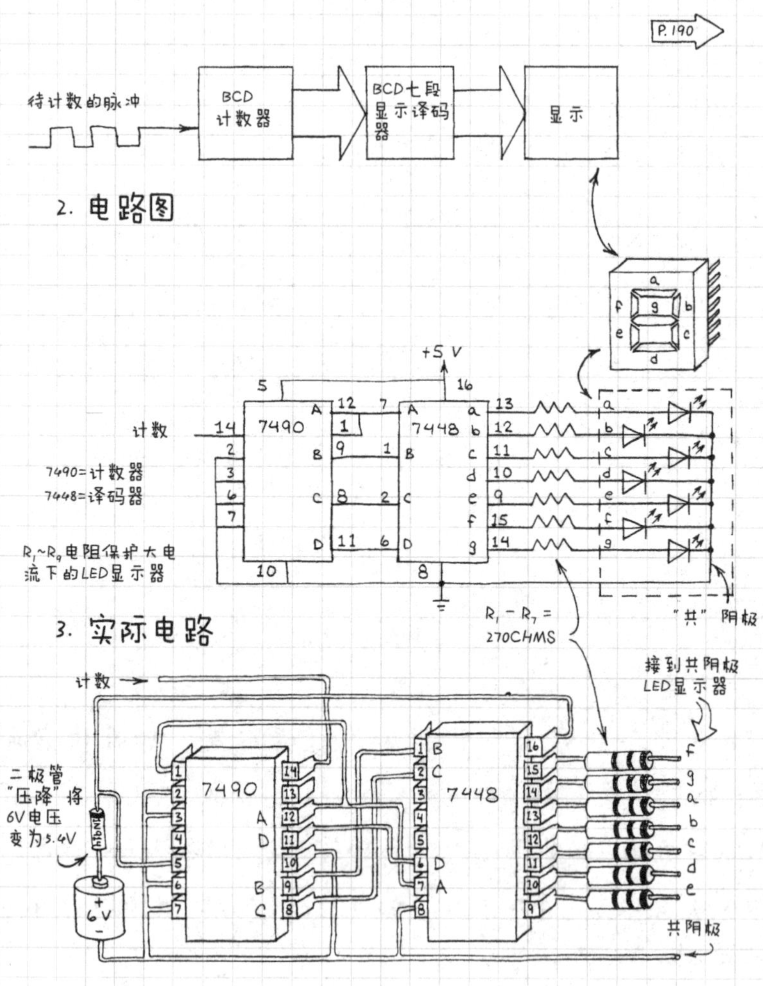

BCD计数器使每个输入脉冲都计一个数。当计到1001（十进制中的9）时，计数器回到0000。译码器激活LED显示器的相关位置。

6.4 数字IC

有十几种主要的双极型和MOS集成电路。每个IC（或芯片）都包含一个特定的逻辑网络或各种不同的逻辑功能。下面介绍几种主要的数字IC。

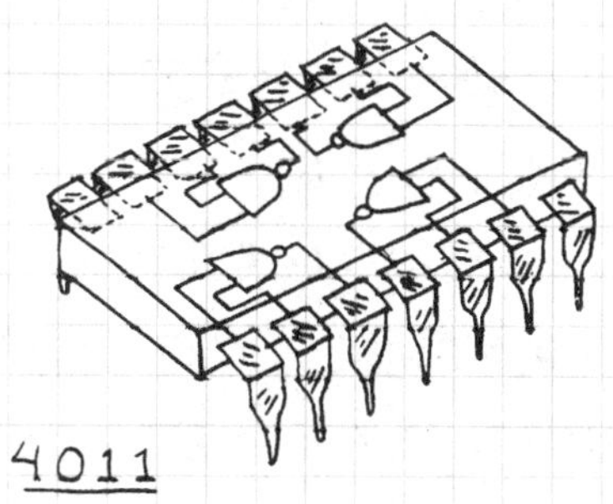

四个二输入CMOS“与非”门

1. 双极型数字IC

（1）晶体管　晶体管逻辑电路（TTL或T^2L）是规模最大，曾经最受欢迎的数字集成电路系列。1s至少可以改变20000000次状态，比较便宜。其缺点是必须被5V电压驱动，功耗较大（一个门就需要3或4mA）。最常见的是7400系列。例如7404，包含四个反相器。

（2）低功耗肖特基TTL（LS）　一种新型的TTL，耗电量仅为标准TTL的20%。其缺点是比标准TTL更贵。最常见的是74LS00系列。

2. MOSFET数字IC

（1）P和N沟道MOS（PMOS和NMOS） 在每个芯片上都包含比TTL更多的门，有许多特殊用途的芯片（微处理器、存储器等）。缺点是与最流行的TTL芯片对应较少，比TTL速度慢，可能需要两个或更多的供电电压，可能被静电毁坏。

（2）互补MOS（CMOS） 发展最快和最通用的数字IC系列。有最流行的TTL芯片的CMOS版本。同一个系列使用相同的号码。例如74C04就是TTL 7404对应的CMOS。新的高速CMOS的速度和TTL一样快。大部分CMOS都有一个很大的供电电压范围（通常从+3~+18V）。功耗比其他系列的数字IC都要小（一个门只需要0.1mA）。其缺点是可能被静电毁坏。最常见的是74C00和4000系列。

7

线性集成电路

线性集成电路的电流和电压可以在一个更大范围内变化。通常输出电压与输入电压成比例关系。因此，输入和输出的关系是一条直线（线性）。线性 IC 有很多种，这里只介绍最主要的一种。首先比较基本数字电路和线性电路。

7.1 基本线性电路

单个双极型或场效应晶体管既可以用在数字电路中，也可以用在线性电路中。在这两种情况下，晶体管都可以翻转输入端的信号。下面介绍 NPN 型双极型晶体管是如何完成四种功能的。

这里的 Q1 晶体管用作一个开关。当输入接近于 +V（或高电平）时，Q1 开启，LED1 发光。当输入接近于地（或低电平）时，Q1 关断，LED1 关闭，LED2 发光（R2 控制了流过两个 LED 的电流）。这个电路包含了数字缓冲器和反相器。

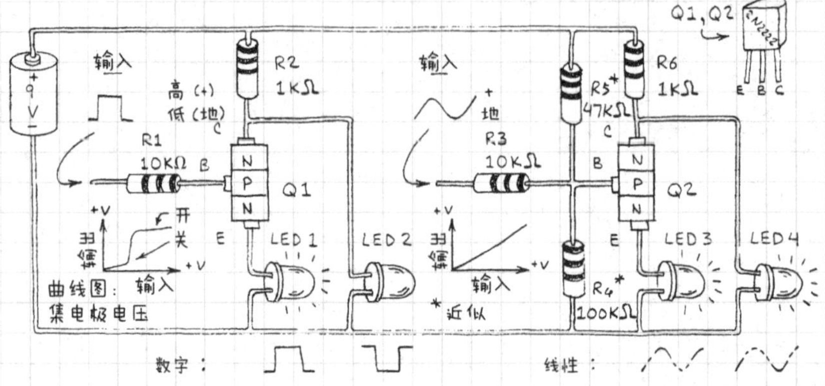

这里的 Q2 是一个在最低电压到最高电压范围内工作的放大器。R4 和 R5 形成了一个分压器，施加一个小电压到 Q2 的基极，使得在没有输入电流的情况下，Q2 也能保持开启状态，这让 Q2 得以在线性模式下工作。当输入电压增大时，LED3 发光，LED4 关闭。

7.2 运算放大器

运算放大器（或 OP-AMP）是迄今为止最为通用的线性 IC。它们被叫作“运算”放大器是因为它们最初是被设计来做数学运算的。运算放大器可放大施加在两个输入端上的电压或信号（AC 或 DC）之间的差值。如果一个输入端接地或保持一定的电压，则另一个输入端的电压将会被放大。

（1）运算放大器的使用　运算放大器包含一个反相输入端和一个同相输入端。对反相输入端施加的电压极性在输出端反向（反相输入端是负，同相输入端是正）.

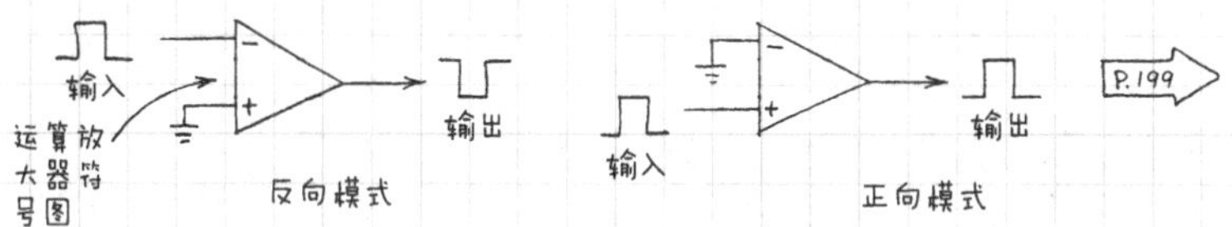

（2）运算放大器“反馈” 下图所示的电路允许运算放大器的最大放大倍数（或增益）．通常通过将输出反馈到反相输入端来使增益减小到合适值.

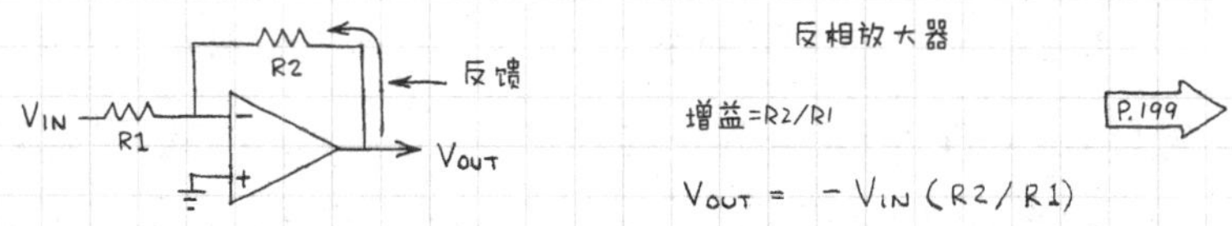

（3）运放比较器 当没有反馈电阻（上图中的R2）时，输出电压将会从最高电压变化到最低电压（反之亦然），两个输入端的电压相差只有0.001V．这种数字模式应用在很多电路中.

（4）运算放大器的种类 运算放大器包括双极型和MOSFET集成电路运算放大器．一些双极型运算放大器用FET或MOSFET输入来提供高的输入电阻．有很多种不同的运算放大器．单个IC可能包括多达四个单独的运算放大器.

7.3 定时器

当在比较器中工作时，运算放大器可以用作一个定时器。此外还需要一个下图所示的RC（电阻-电容）电路。

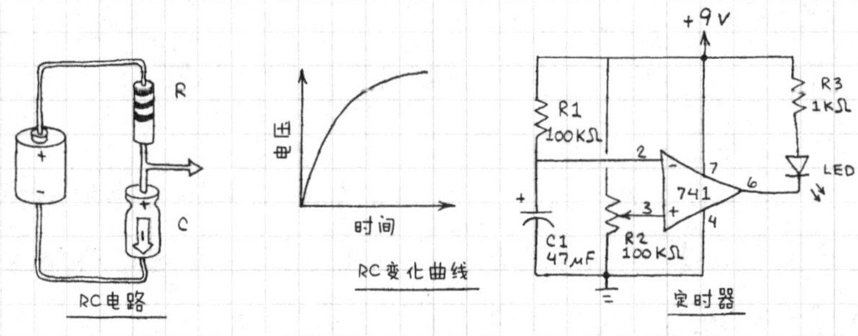

在电路图中（上图的最右边），R1和C1形成了一个RC电路。C1通过R1逐渐充电到9V。当C1上的电压超过运算放大器的正向输入端上的参考电压时，它的输出从高到低变化，LED发光。时间延迟可以通过改变R1和C1的值或通过设置R2的值来改变，（用按键式开关）对C1再次进行充电。

上面介绍的电路是大多数IC定时器的关键组成部分。很多还包括一个输出触发器来给定高或低输出。有些定时器包括一个二进制计数器，每个延迟周期（或周期）计一个数。每次计数时定时器都循环使用。计数器输出端的解码器可以选择从几天到一年或更长的总延迟。双极型和CMOS定时器都是可用的。

P. 206

著名事例：
模拟计算机中用运算放大器来处理复杂的方程。

7.4 信号发生器

这些IC产生各种输出波形，如下图所示。波形的频率可以通过外部的RC电路来控制。

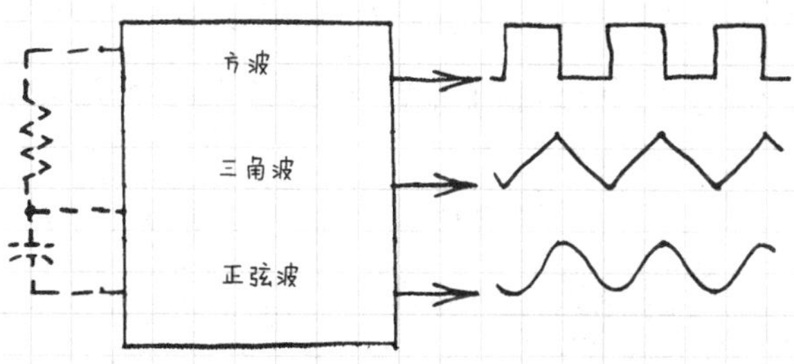

7.5 电压调节器

电压调节器将它的输入电压转换为固定或可变（但通常较低）的电压。在大多数情况下，一个小的固定参考电压（通常为1V左右）接在运算放大器的正向输入端。然后参考电压（或 V_{REF}）将通过反馈和输入电阻（增益）的比率来放大。如果其中有电阻是电位器，那么输出

基本电压调节器

电压（V_{OUT}）可以从 V_{REF} 变化到 +V（芯片电源电压）。实际的 IC 调节器包括额外的晶体管来提供 V_{REF} 以及允许芯片驱动比单独运算放大器功率更大的负载。

有很多种类型的固定和可变输出 IC 调节器。它们大多数被封装在金属或有金属片的封装内，从而可以将热量散发到周围的空气中。注：制造商的操作说明和标准的安全预防措施必须遵循，这样才能得到更好的结果。

P. 204

7.6 其他线性 IC

有很多特殊功能的线性 IC，其中很多都包含运算放大器。例如：

（1）音频放大器　有很多类型，有的在一个芯片中包含两个放大器（为了立体）。

（2）锁相环　它基于一个古老但聪明的想法，即在一个片上振荡器上重复（或跟踪）输入信号的频率。它用于检测某些频率的存在（如触摸音调）和解调 FM 无线电信号。

（3）其他线性 IC　包括电话、收音机、电视和计算机通信的多种芯片。此外，许多种 IC 都可以检测温度、光和压力。

8

电路装配技巧

有几种方法可以用来制作临时电路或永久电路。在这一章中我们将看到一些很有用的电路装配技巧。

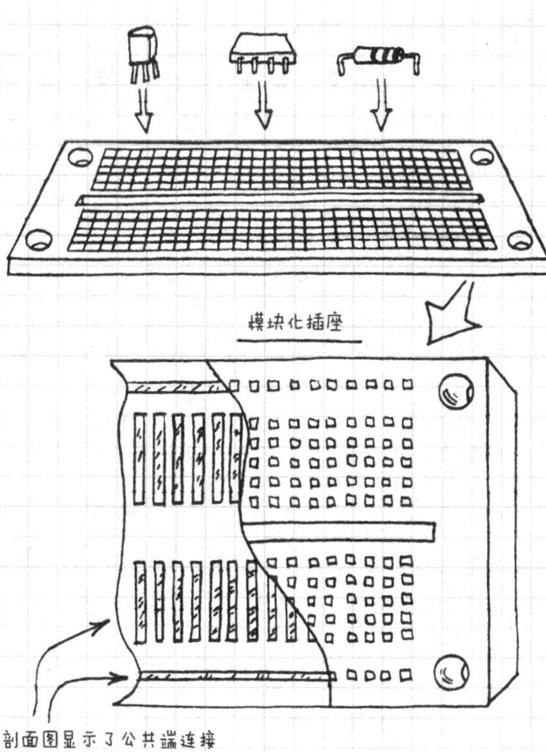

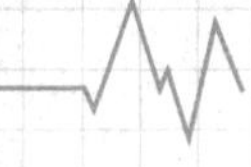

8.1 临时电路

在组装永久电路之前，先建立一个电路的临时版本是明智的，从而可以找到电路更好的工作方法然后做出改变。目前搭建临时电路最重要的工具是模块化塑料面包板插座。可以在工作台上放置几个，它们可以让你在几分钟内完成整个电路。用“跳线”来连接那些没有插入同一排端子的零件。为了避免引脚弯曲（刺痛你的手指），请小心安装和拆卸IC。

注：在底座上安装插座，并加入电位器、电池、LED、开关等。

8.2 永久电路

除了一些非常简单的电路，大部分永久电路都被组装成电路板。

（1）预制板的加工　在酚醛材料或类似的板上通过穿孔插入元器件引脚，并在板的背面焊接在一起。通常必须使用绝缘连接线。一旦组装完成，“预制板”电路由于元器件引脚弯曲和焊接而难以修复。

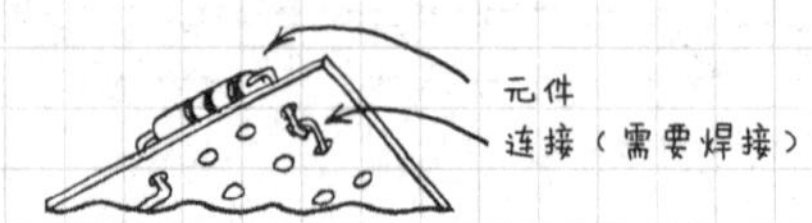

(2) 绕线 是在多种IC中使用的最快组装电路的方式，使用绕线IC插座（带有方形连接插脚）。手和发动机驱动的绕线工具都有。如果所使用的类型需要去掉导线的一部分绝缘材料，那么需要在连接插脚周围缠绕几圈绝缘导线来加强连接。

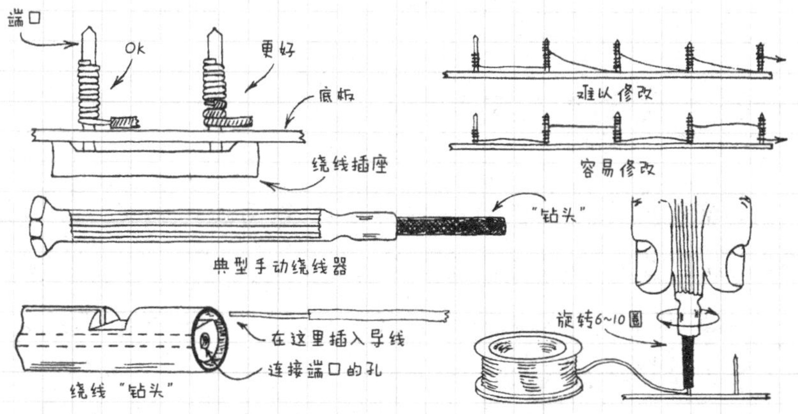

(3) 印制电路板（PCB） 在已做好的电路中，它是最好、最专业的。它可以不需要插座，但元件的引脚必须焊接到板子的铜片上。PCB有很多种类型，实验者经常使用的两种类型是：

1）预蚀刻的穿孔栅格板的每个孔上都有一个圆形的铜箔焊盘。板上的排孔用普通的铜箔条连接（像面包版）。它通常还需要加入一些"跳线"来进行板上的连接（短长度的绝缘连接线或绕线）。

2）定制PCB是将胶带或化学涂层（"抗蚀剂"）涂到干净的铜箔或PCB上制成的。然后将未涂覆的铜进行化学蚀刻，留下箔线图形，为元器件的引脚钻孔。这种PCB会花费大量的时间，但能生产出整洁的电路。

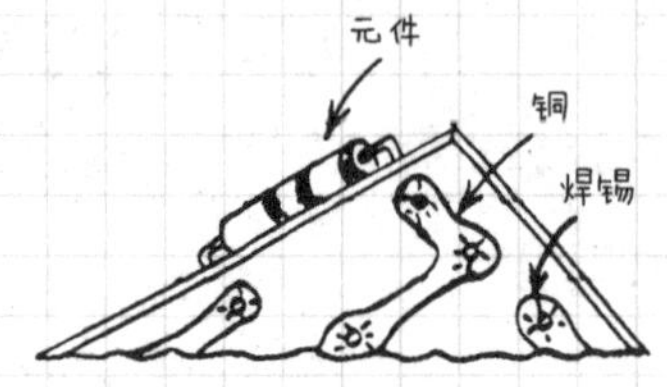

8.3 焊接的方法

良好的焊接操作对于焊接连接电路的可靠性至关重要。以下是成功焊接的六个步骤：

1）使用低功率的电烙铁（25～40W）。一定要遵照制造商的说明将焊锡放在烙铁头上。

2）在焊接电子元器件时，要使用松香芯焊锡。不要使用酸芯焊锡，因为它会腐蚀焊接引脚。

3）焊锡不得粘在印刷品、油脂、油、蜡等易熔化的绝缘物质上。用溶剂、刚丝绒或细砂纸除去所有这些杂质即可。焊接前一定要用刚丝绒使铜箔或PCB抛光。

4）要焊接，首先用烙铁头加热连接点（不是焊锡）几秒钟，然后把烙铁放在适当的位置并涂上焊锡。

5）在移开烙铁之前，让焊锡流过连接处和它的四周。不要使用过多的焊锡或在冷却前移开连接。

6）保持烙铁头干净明亮，用湿海绵或布擦去杂物。

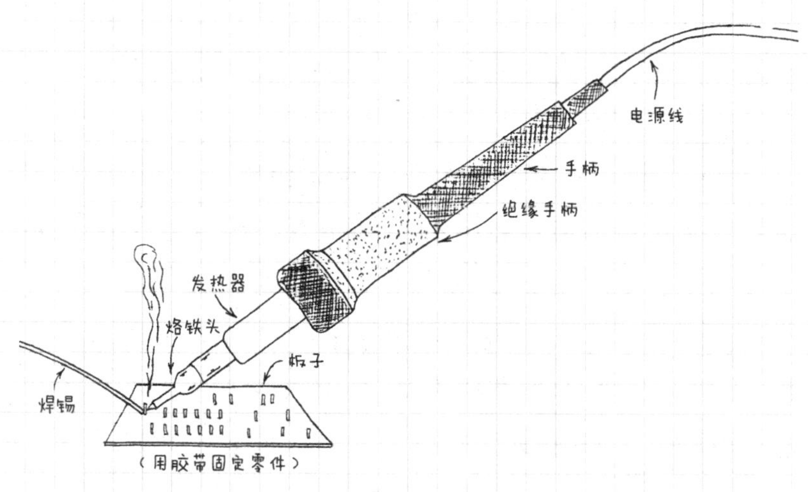

焊接的注意事项：

1）烙铁会烫伤手指甚至引发火灾，一定要小心使用。

2）当不用烙铁的时候，要将它的电源拔掉。

3）确保电源线放在不会绊倒人的地方。

8.4 供电电路

(1) 电池电源　很多电路的功率很小，可以用电池供电，这使得电路更加简洁，并且可以在任何地方使用。

(2) 太阳能发电　太阳电池可以直接为电路供电，或者可以使用太阳电池阵列为可充电的电池充电。

(3) 线性电源　最简单的线性电源就是所谓的AC

适配器。这些模块单元紧凑，易于使用。它有各种可用的输出电压和电流。读者可以用一个 IC 电压调节器建立自己的供电电路。

（4）注意 在建立自己的供电线路时，安全应该是首先要考虑的问题。电源线必须小心地避开在金属柜子上钻孔时产生的锋利边缘（使用塑料应变来缓解）。所有与交流电连接的电路必须放置在一个完全封闭的外壳内，这样的连接如果暴露出来，则将会产生潜在的电击危险。应确保所有连接交流电（开关、熔丝、变压器等）的元器件都超过电路的功率要求。

8.5 电路组装的总结

本书的剩余部分包括很多可以在面包版上快速组装的电路。如果有机会，则可能会做一些永久电路。为了取得最好的结果，应仔细计划这个项目。一个装配整齐的项目比一个仓促组装的项目更为可靠。

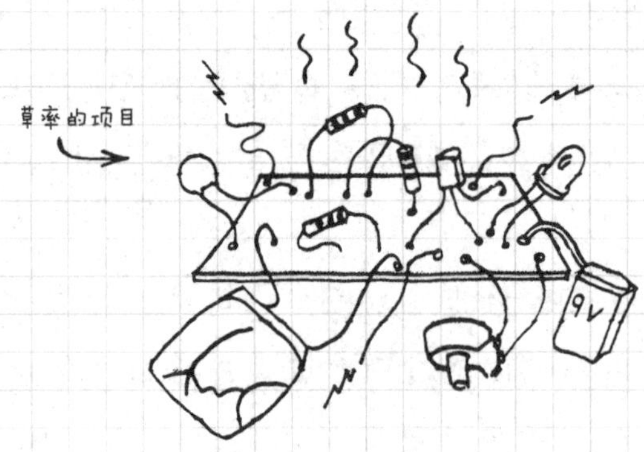

整洁的项目

9

电路实例

本章收集了100多种电子电路，作者已经组装过每个电路并确保它们是可以正常工作的。

（1）选择和替换元器件　可以在相关商店找到大多数元器件。为了节省时间，在去商店之前，可以先列一个所需元器件的清单。如果有无法得到的元器件，那么可以尝试一下其他地方。有时候也可以替换一些元器件，比如，通常用另一个晶体管替换掉一个NPN型开关晶体管（2N3904替换2N2222等）。数值相近的电阻和电容通常也可以替换使用（1.2kΩ替换1kΩ电阻，0.33μF替换0.47μF电容等）。切记选用合适的额定电压和功率。

（2）当电路不能正常工作时　确保电路有充足的供电。如果闻到或察觉到一个过热元器件，则应立刻断开电源并按照下述步骤处理：

1）重新检查所有连接（是否有导线未连接？是否有集成电路的引脚弯曲？是否有焊接问题？是否有导线“短路”？是否有二极管反向？）。

2）是否有某个元件有缺陷？

3）有时候，特别是当电源线长度超过6ft时，除非在每个芯片电源引脚上连接一个0.1μF的电容，否则集成电路将不能正常工作或者无法工作。在电源输入电路板的地方添加一个1～10μF的电容也是很有必要的。

4）印制电路是否还有错误？

（3）安全第一　当使用交流电路时，确保遵从以下的防范措施：焊接的时候要小心；带有扬声器的电路可能产生很大的声音。注意保持距离，并且不要使用耳机。

（4）更进一步　尝试实验改变RC电路中元器件的值。尝试替换电路中的其他输出设备来驱动继电器，压电蜂鸣器等（切记选用合适的额定电压和功率，使用欧姆定律，如果有必要的话则应添加串联电阻来降低电流）。在制作永久电路之前，一定要组装并测试面包板版本的电路。

9.1 二极管电路

各种类型的二极管都有很多应用。下面介绍几种典型电路。

9.1.1 小信号二极管和整流器

1. 电压调节器

一个或多个硅二极管在0.6V时可以调节电压。

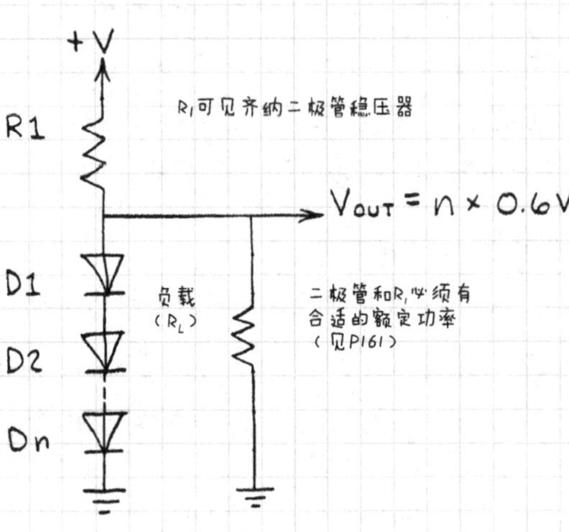
+V
R1
R1可见齐纳二极管稳压器
Vout = n × 0.6V
D1
负载
(RL)
二极管和R1必须有
合适的额定功率
(见P161)
D2
Dn

2. 降压器

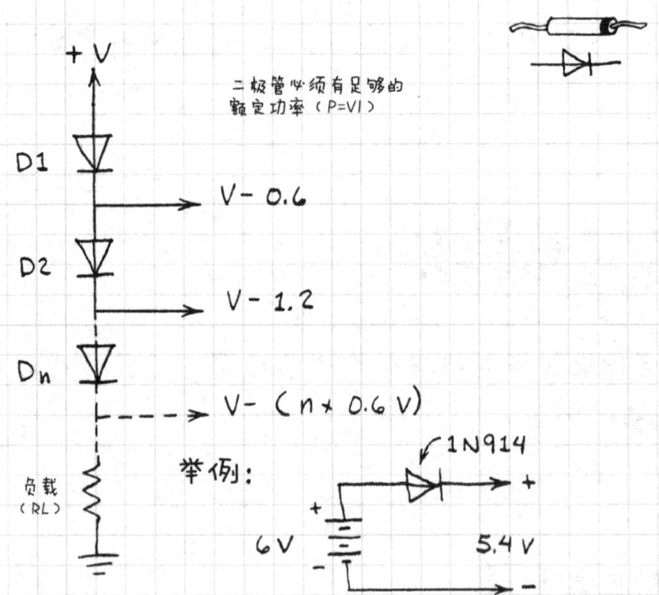
+V
二极管必须有足够的
额定功率(P=VI)
D1
V- 0.6
D2
V- 1.2
Dn
V- (n × 0.6 V)
1N914
举例:
负载
(RL)
+
6V
-
+
5.4V
-

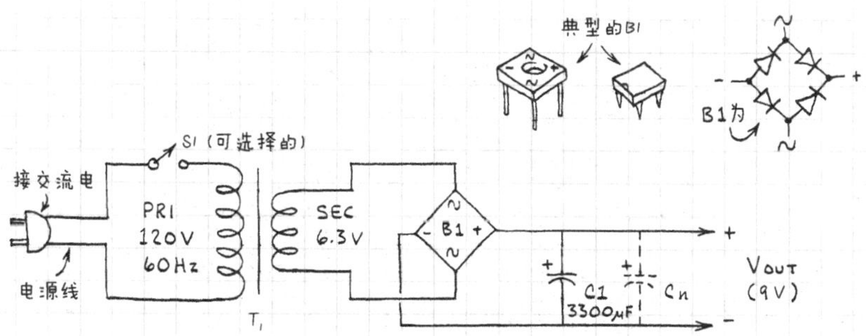

这是一个基本的用9V电源供电的交流电路。在低纹波电路中（将AC叠加到V_{OUT}上），选定较大值的C1（可以增加一个或多个电容（Cn）与C1并联来获得更大的电容值）。电容两端必须有一个至少12V的DC工作电压（WVDC）。整流桥B1两端必须有至少12V的峰值反向电压（PIV）。T1和B1必须有合适的额定功率和电流（使用摩尔定律）。

注：必须隔离或封闭所有暴露的交流电路连接线，当安装或检查电路时，必须拔掉电源线。

3. 倍压器

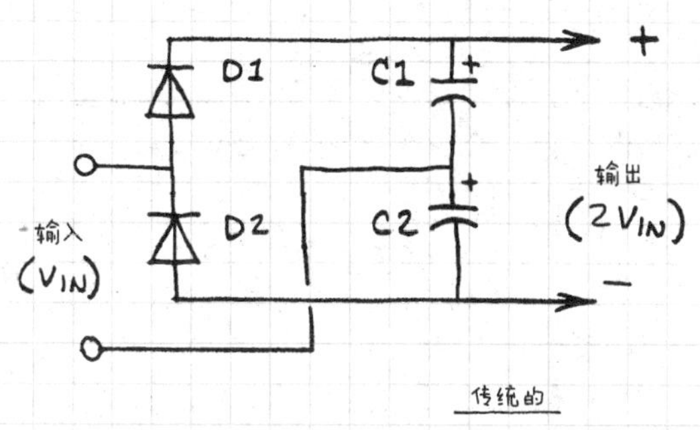

传统的

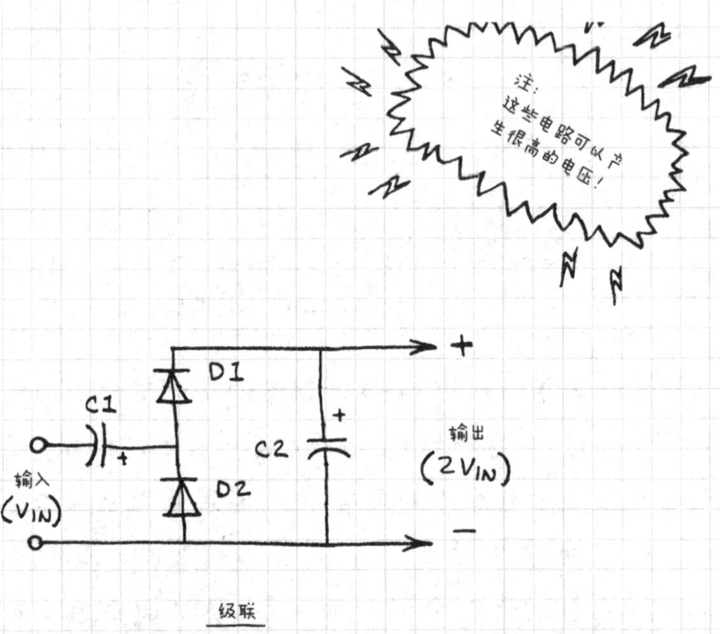

级联

这些电路大约是输入交流电压的两倍，输出是直流电压．使用额定电压为输入电压两倍的电容器和二极管．输出纹波（～～～）可以通过选用更大值的C1和C2来减小．

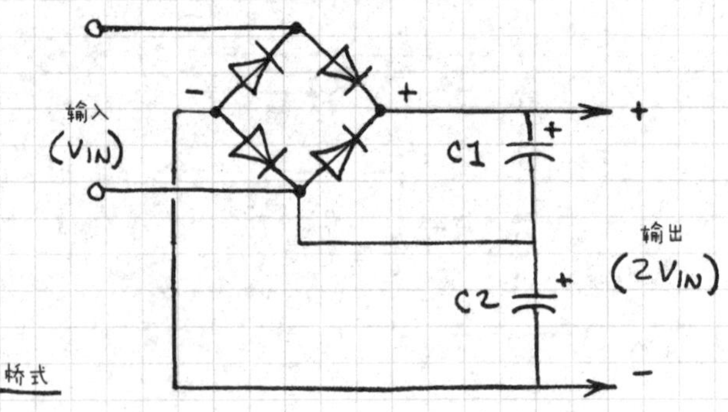

桥式

桥式倍增器比传统的和级联的倍增器更有效。因为可以使用四个二极管形成的桥式整流器，很容易制作。

（1）三倍电压器　将输入的交流电压扩大3倍并转换为直流。C2，D2和D3的额定电压小于$2V_{IN}$。

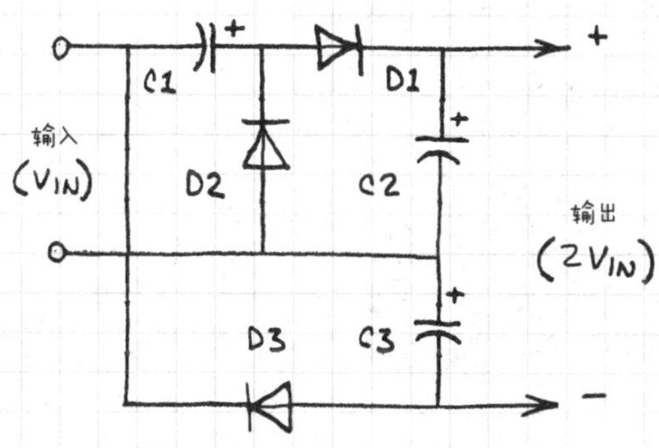

（2）四倍电压器　将输入的交流电压扩大4倍并转换为直流。所有元器件的额定电压小于$2V_{IN}$。

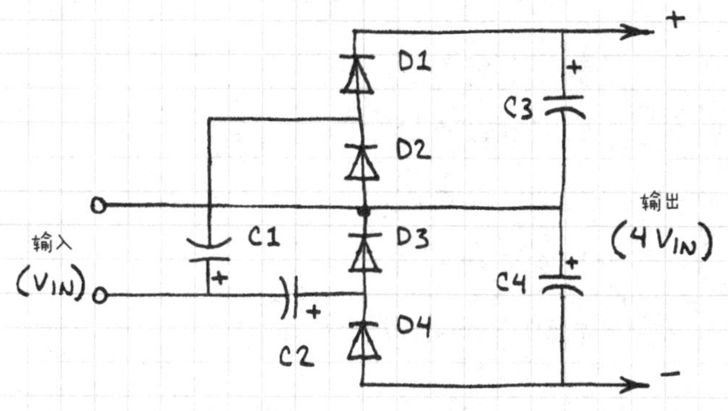

（3）级联乘法器　增加更多级就可以做更多次乘法，所有元器件的额定电压均小于$2V_{IN}$。

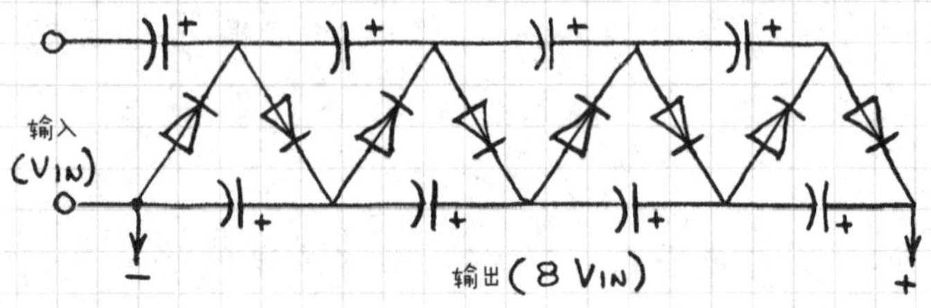

9.1.2 稳压二极管电路

1. 电压调节器

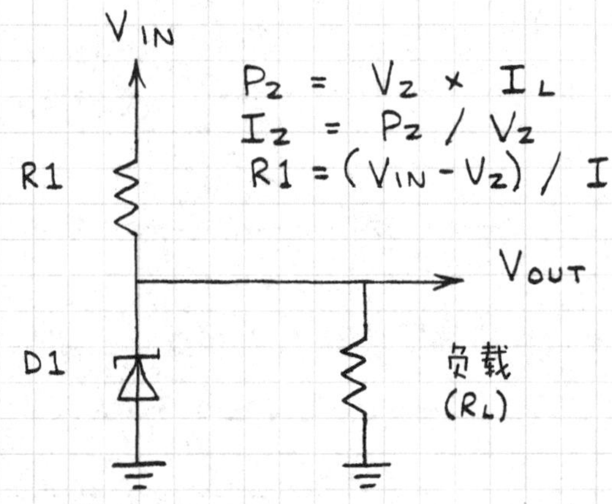

I_L = 最大负载电流

I_Z = 最大齐纳电流

I = 流过 R_1 的电流

V_Z = 齐纳二极管电压

P_Z = 齐纳二极管功率

这个电路通过一个非稳压电源（像电池）给负载提供稳定的电压（V_{OUT}）。V_{IN} 可以变化但至少要比需要的 V_{OUT} 多 1V。I_L 可以在 0mA 到计划的最大值之间变化。当 I_L

降到0时，I不发生改变。因为$I = I_L + I_Z$，所以当I_L降低时，I_Z升高。换句话说，即使去掉负载，流过调节器的电流也是不变的。

注：D1和R1必须有合适的额定功率，使用欧姆定律。

示例：收音机工作在9V电池下，电流范围为20～50mA。当用12V电池驱动它时，要使用一个9V，1/2W的齐纳二极管。R1应该接近于60Ω，额定功率至少为0.15W。

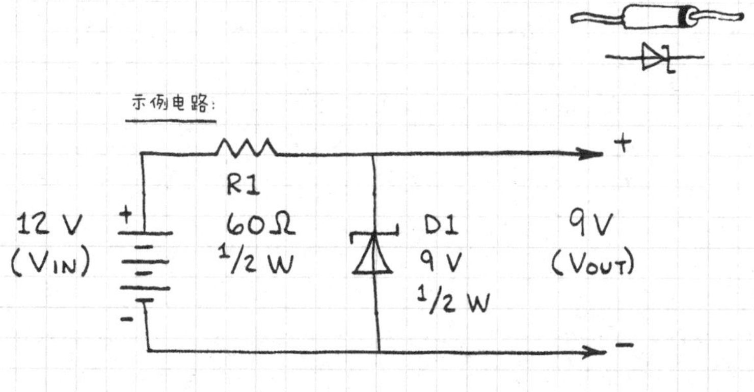

2. 波形整理电路

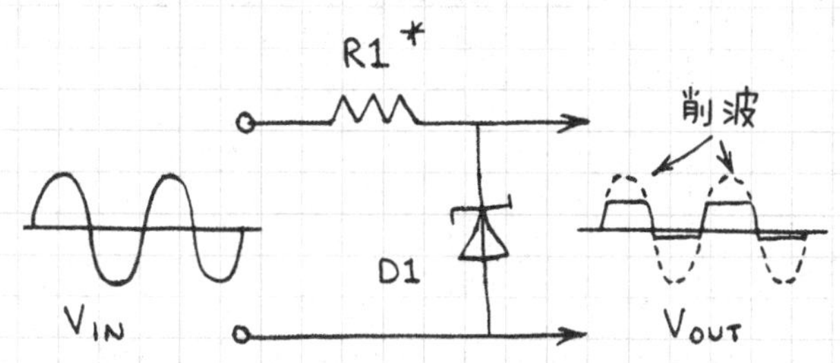

这个电路便于将输入信号电压降到较低且更易于管理的水平。它也可以把正弦波或三角波转换为近似方

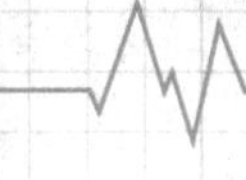

波，R1 如上图所示（I = 最小 2mA）。

3. 双波形整理电路

这个电路中的两个二极管相邻且对称。它采用同样的方式处理输入信号的两个半波（如果 V_Z = D1 = D2）。它用于保护电话和扬声器不被过大的信号电平损坏，也用于产生方波。

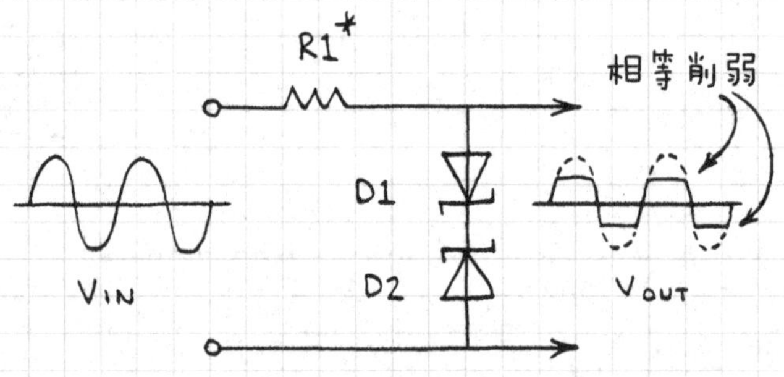

9.2 晶体管电路

因为双极型和场效应晶体管都有很多应用，所以其电路获得了很多关注。

9.2.1 双极型晶体管电路

1. 湿度测量计

这个电路可以用来测量花园中土壤的湿度。调整 R2 使土壤水分到达规定水平时，电流表达到 1mA。然后电流表将可以显示更低的湿度。

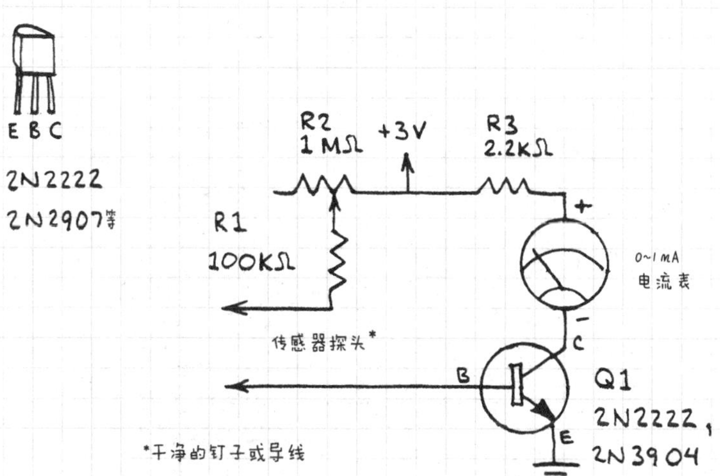

2. 湿度继电器

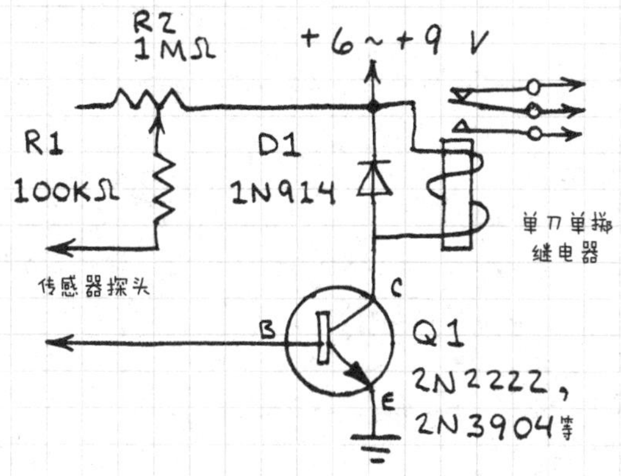

当湿度超过 R2 设置的水平时，继电器（6～9V，500Ω线圈）关闭。然后通过继电器的触点可以打开灯或其他设备。它还可以检测雨水。

3. 节拍器

一个节拍器通过产生一个规则序列的“咔嗒”声来标记时间。通过调整 R2 或改变 C1 的值来调节频率。

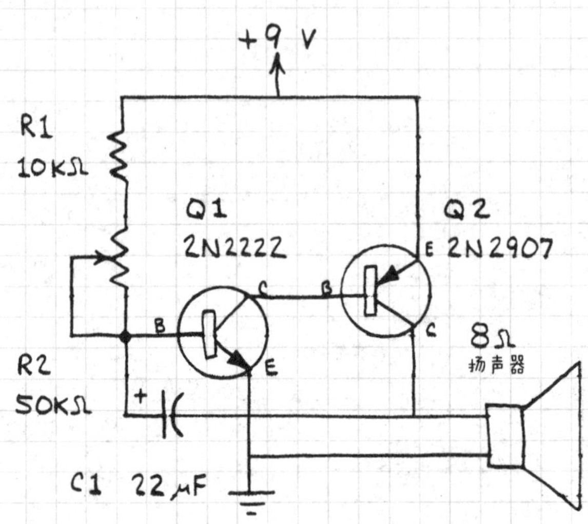

4. 闪光器

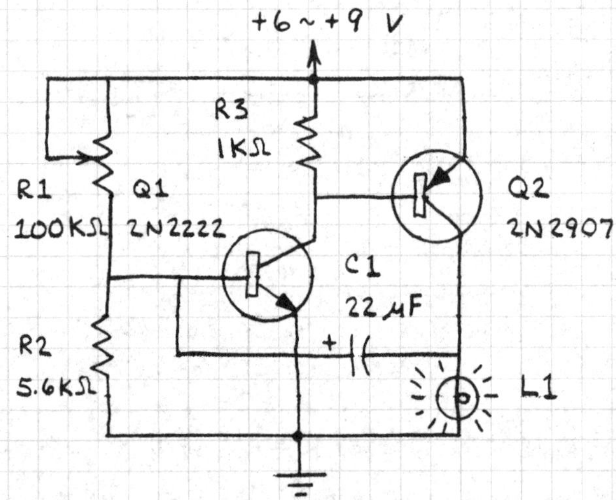

这个电路每秒钟产生明亮的闪光。L1 使用 122 或 222 型的小型灯泡。

5. 警报器

S1 关断，扬声器发出一段频率上升（C1 充电）的旋律．S1开启，旋律的频率下降（C1放电），如下图所示．

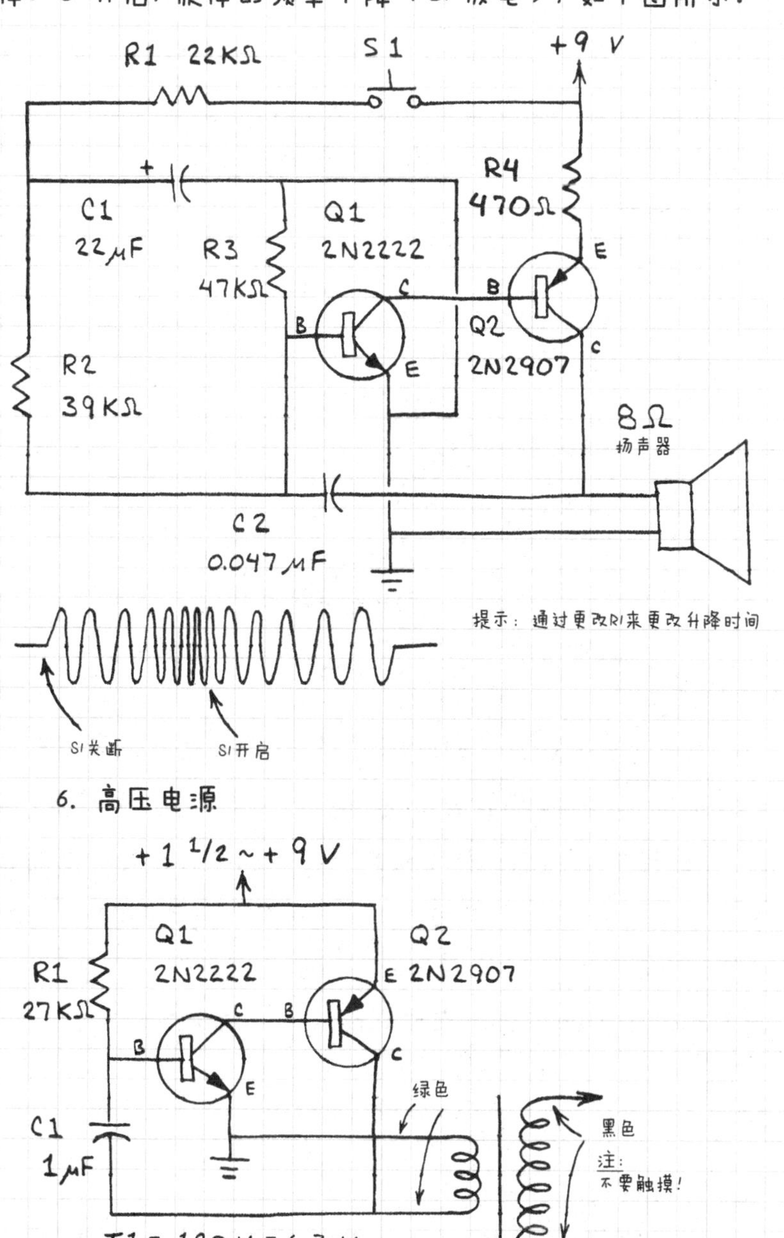

6. 高压电源

当被9V电池驱动时，这个电路产生220V的直流脉冲。用手电筒电池驱动的话，将产生高达到170V的电压（但可能需要通过实验改变C1的值）。这个电路可以通过1MΩ的串联电阻为一个或多个霓虹灯供电。

7. 防盗报警器

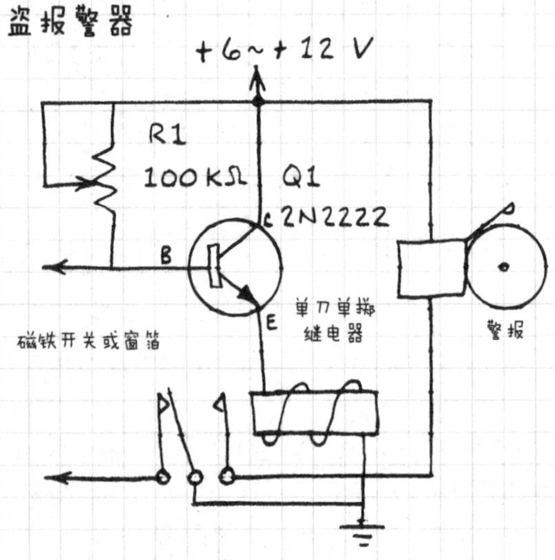

当开关打开或窗箔被破坏时，警报声响起并保持（直到电源断开）。R1设置为最大值，断开一根导线连到开关/箔上，然后将R1的值减小到警报声刚好不响起的位置。电路在6V下电流仅为0.3MA。当电源为6~9V时，使用6V，500Ω的继电器。当电源为12V时，使用12V，1200Ω的继电器。

注意，要小心地组装、安装和隐藏这个系统。

9.2.2 结型场效应晶体管电路

1. 静电计

这个电路可以检测超过1ft距离的带电体上的静

电（塑料梳子等）。调整 R1 的值，使电流表的指针指到 1mA 上。带电物体靠近"天线"将会降低电流表的读数。

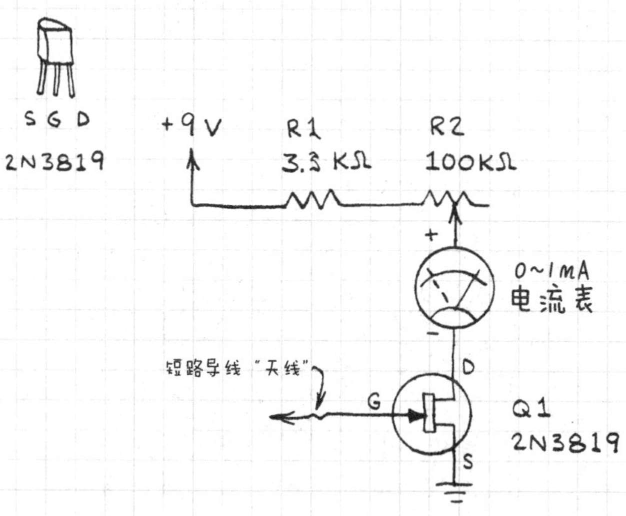

2. 触摸开关

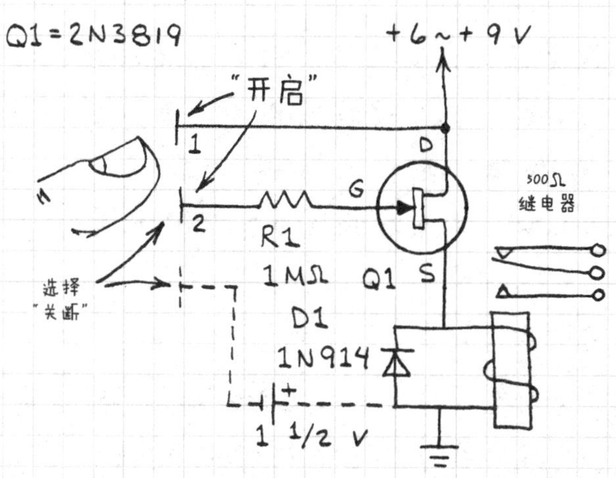

在户外：远离电源线，短暂地触摸“开启”来驱动继电器。触摸触点 2 只能反驱动继电器。

在室内：可能需要包括可选的“关断”电路。

3. 定时器

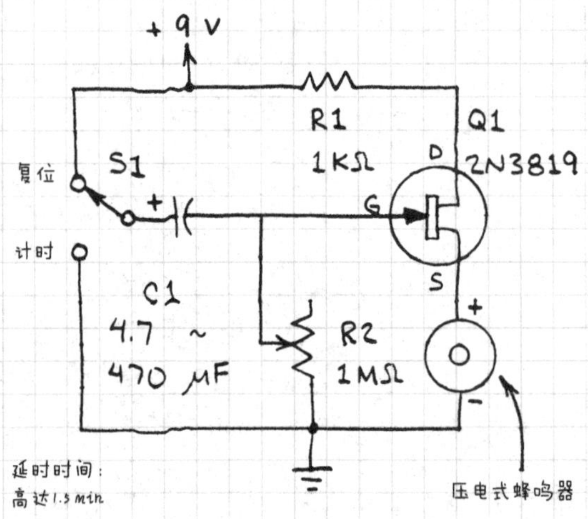

将 S1 置于“复位”端（蜂鸣器将响起），然后将 S1 置于“计时”端。蜂鸣器将关闭直到延时完成，然后会再次响起。可以通过增大 C1 或 R1 的值来获得更长的延时。在复位模式中要减小 R2 的阻值（加速复位）。

4. 音频混合器

这个电路允许两个（或更多）麦克风或者其他设备连到同一个放大器上。R1 和 R3 控制每个输入的衰减，因此 R1 和 R3 是平衡控制端。

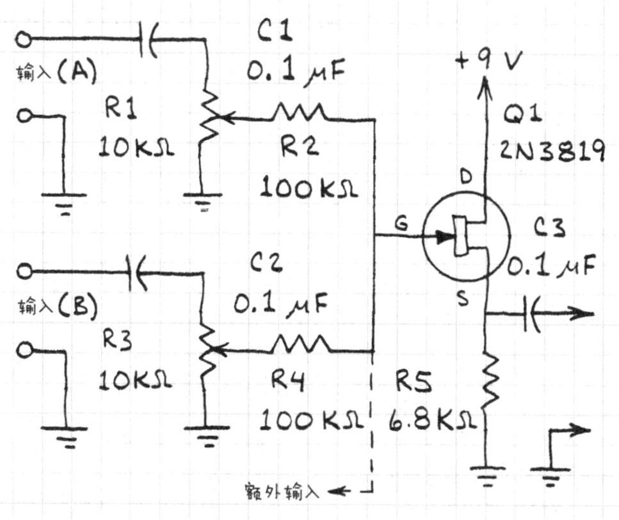

9.2.3 功率 MOSFET 电路

1. 线性调光器

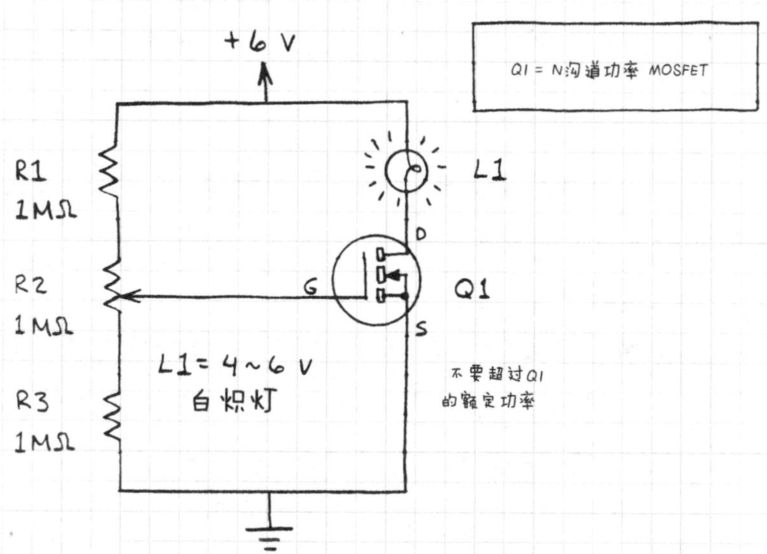

通过改变 R2 来改变灯的亮度。这个电路展示了功率 MOSFET 是如何用作一个可变电阻器的。

2. 音频放大器

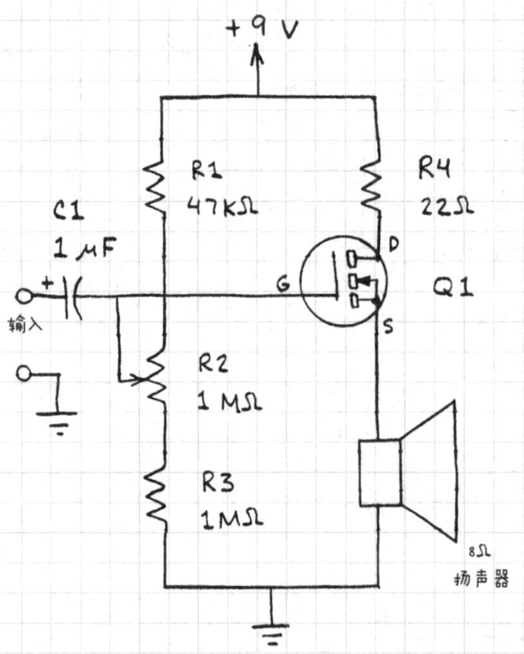

可以用来放大其他电路的信号和旋律，通过 R2 来控制电路的增益（音量）。

3. 长延时电路

（1）延时后关闭　关闭然后打开 S1 激活蜂鸣器。C1 在内部放电或通过 R1（可选）后，Q1 关闭并关闭蜂鸣器，实现了长时间的延迟。

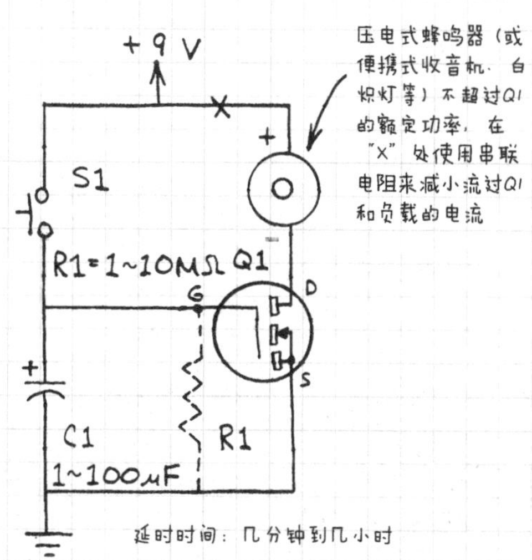

延时时间：几分钟到几小时

（2）延时后开启　Q2 反转了 Q1 的状态，因此在延时完成之后蜂鸣器才会响起。通过增加 C1 的值可以增加延时时间。

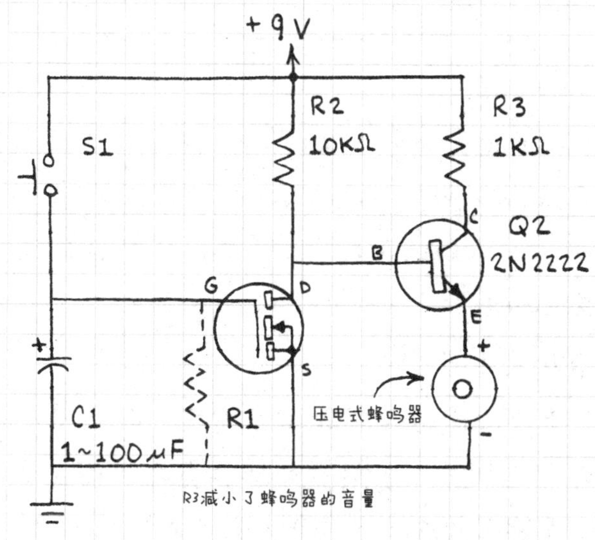

R3减小了蜂鸣器的音量

9.2.4 单结晶体管电路

1. 时间基准

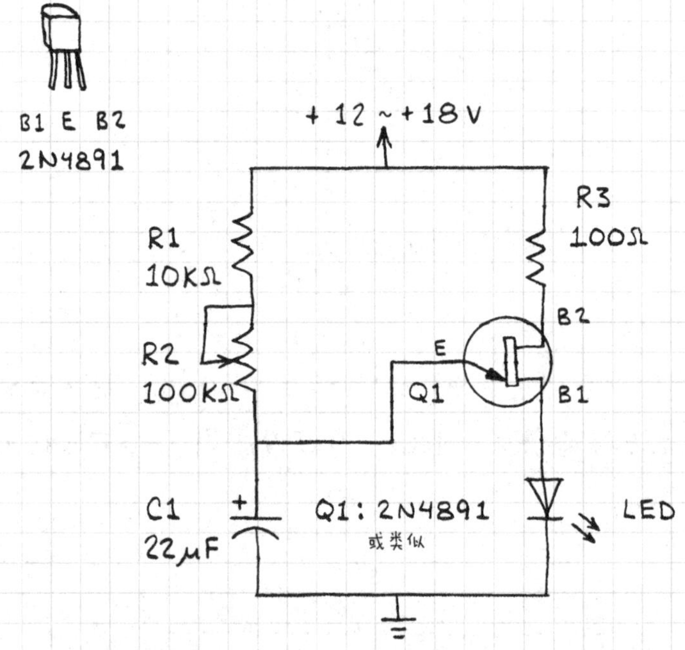

每一次单结晶体管（Q1）导通，C1上的电荷“全部流出”并通过LED。LED闪烁响应，在闪烁的间隙，LED发出暗淡的光。R2控制闪烁频率，可以设置为每秒闪烁一次（时间基准功能）。

2. 音频发生器

这个电路的原理与相邻电路相同。C1用更小的值来加速充电-放电循环。其结果是扬声器发出相应音频的音调。这个电路可以进一步展开（见下文）。

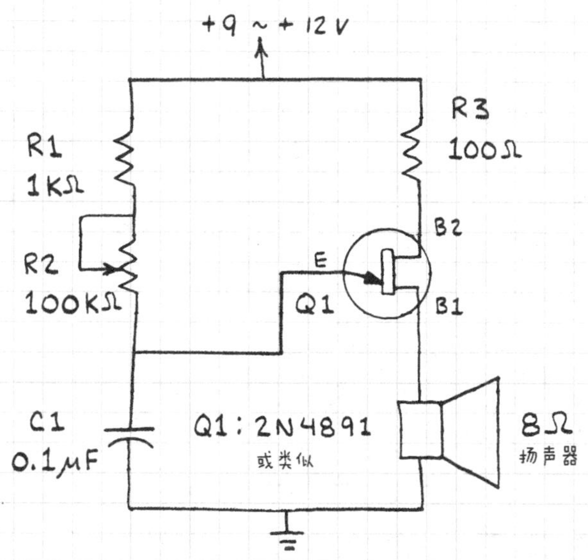

3. 风琴

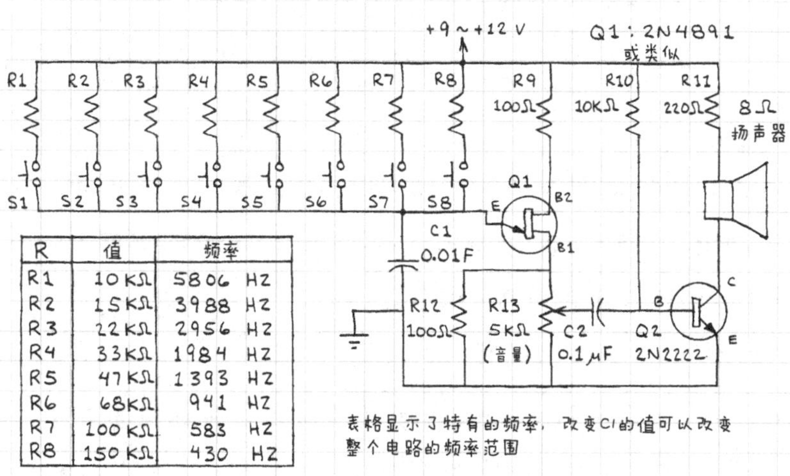

R	值	频率
R1	10 KΩ	5806 HZ
R2	15KΩ	3988 HZ
R3	22KΩ	2956 HZ
R4	33KΩ	1984 HZ
R5	47 KΩ	1393 HZ
R6	68KΩ	941 HZ
R7	100 KΩ	583 HZ
R8	150 KΩ	430 HZ

表格显示了特有的频率，改变C1的值可以改变整个电路的频率范围

Q2 采样 C1 上的电压，并将其输出为斜坡（或锯齿波）。R3 控制斜坡产生的频率。

斜坡发生器逐渐增加驱动多种电路的电压。

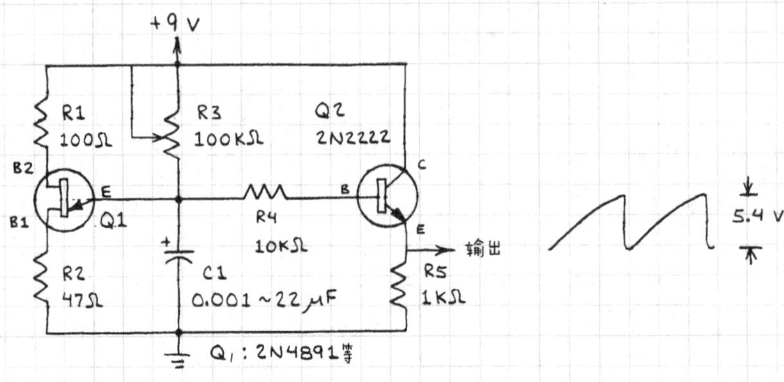

4. 线性调频信号发生器

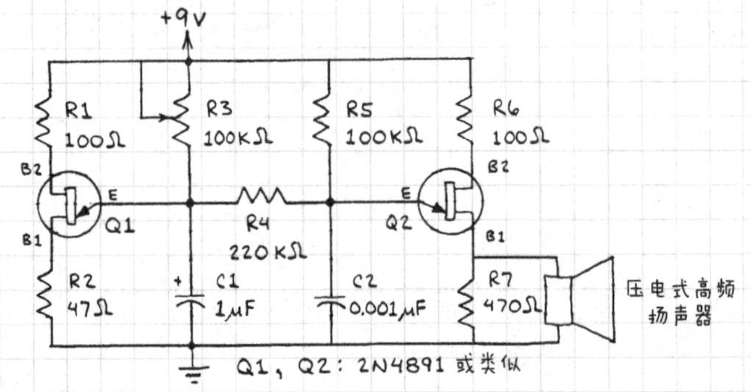

这个电路可以产生各种各样的声音。如图所示，它"调频"的频率由R3决定。可以通过实验来研究C1、R5和C2的值对电路其他效果的影响。

5. 电压敏感振荡器

当V_{IN}低于D1两端的电压V_Z时，这个电路发出声音。选择D1两端的电压V_Z为所需的关断电压。当电池电压（可以给另一个电路供电）低于某一水平时，这个电路会发出警告。这是一个可以简单，也可以复杂的电路的很好的例子。

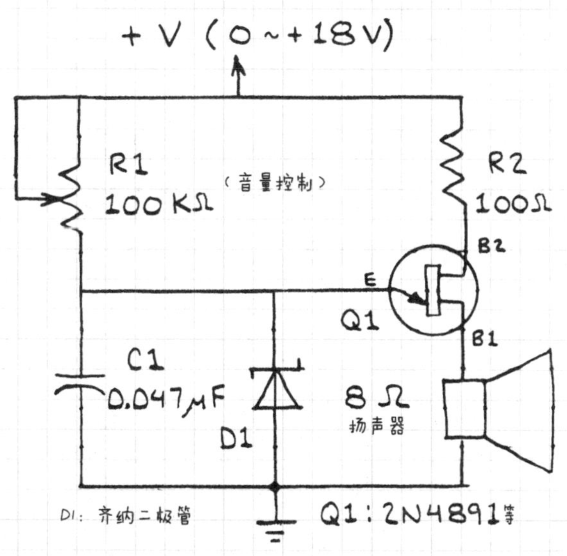

9.3 晶闸管电路

单向晶闸管和双向晶闸管有很多作为固态开关的应用.

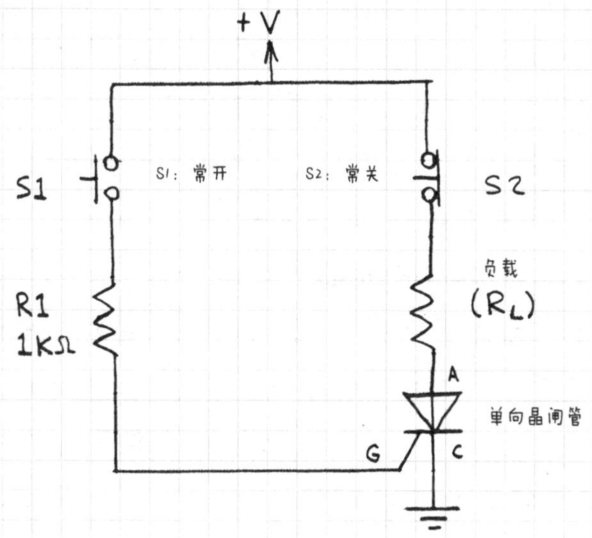

9.3.1 单向晶闸管电路

关闭S1使单向晶闸管打开，为负载提供电流。S1开启后，除非负载是一个DC发动机或者S2短暂开启，否则单向晶闸管将保持开启状态。

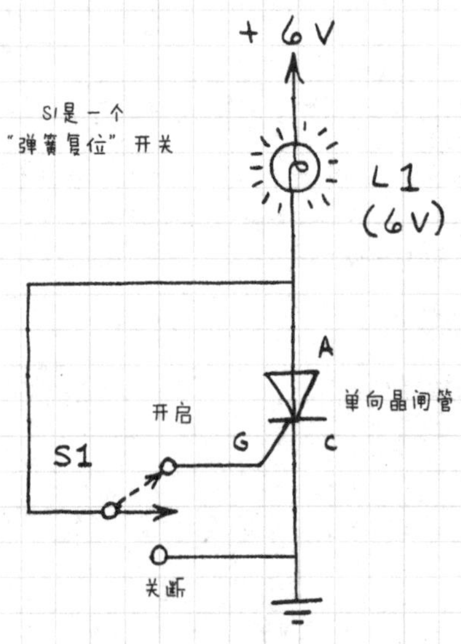

S1是一个点开关。开关在"开启"位置时，单向晶闸管打开，白炽灯发光。开关在"关断"位置时，单向晶闸管短接，没有电流流过，因此关断。

电容放电LED闪烁电路

当单向晶闸管关断时，C2通过R4充电。当单向晶闸管通过Q1，这个UJT的脉冲开启时，C1中的电荷迅速"全部流出"并通过LED。因为不再有足够的保持电流，所以单向晶闸管（和LED）关断。然后再次循环重复这个步骤。

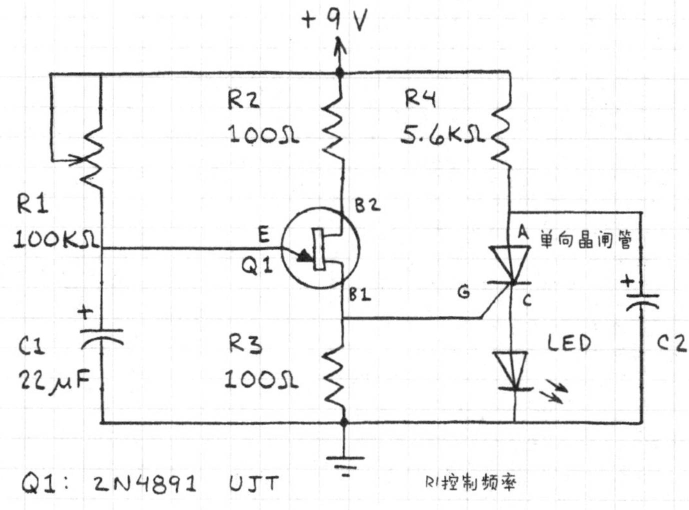

9.3.2 双向晶闸管电路

1. 测试电路

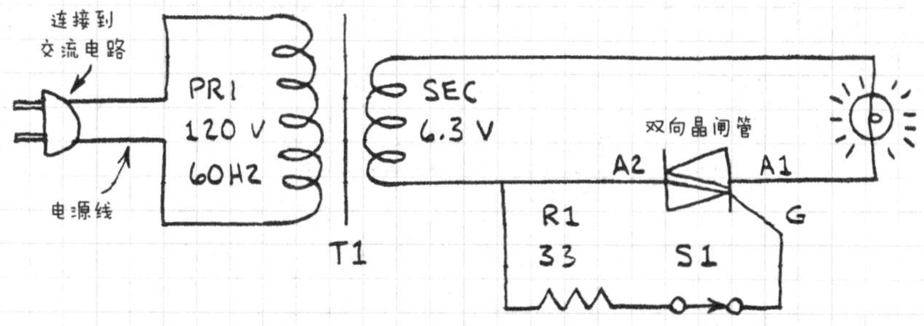

当S1闭合时L1发光。当S1开启时L1不发光。

注：双向晶闸管是为AC电路设计的。当使用家用电流时，一定要注意安全，确保所有连接到AC线路的元器件都是绝缘或封闭的。

2. 调光电路

(1) 6.3V调光器

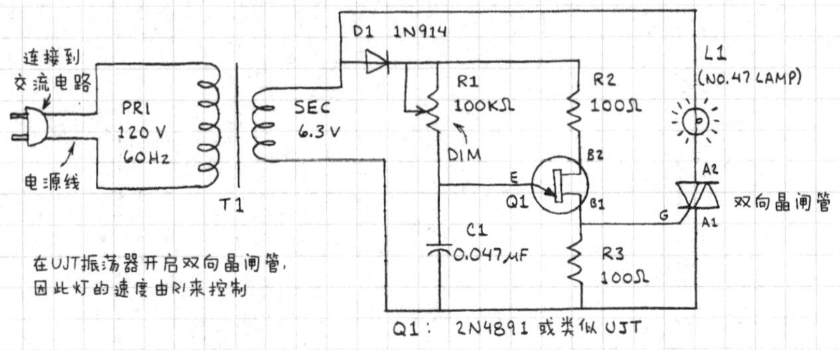

(2) 120V调光器　很多家用调光开关都使用这种电路。L1灯泡可以高达100W（120V）。在双向晶闸管上使用散热器避免电路过热。两端交流开关是一个双向触发二极管。

注意：当电路接电后，这个电路必须始终处于封闭的环境中。

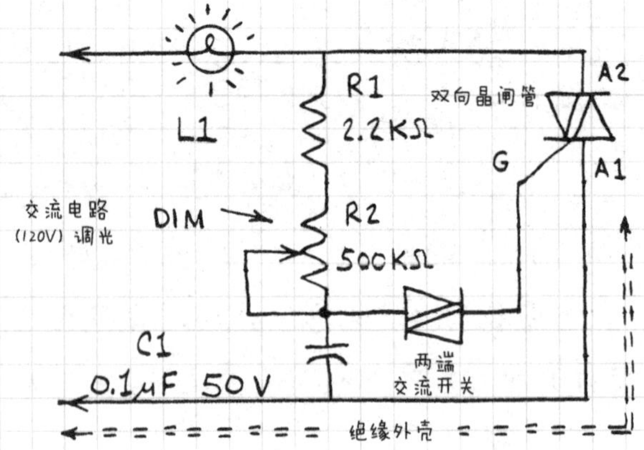

9.4 光子电路

使用光电子元器件的电路是所有电路中最通用、最有趣的电路之一。

9.4.1 发光二极管电路

1. LED 驱动电路

必须使用串联电阻来限制流过 LED 的电流（例外：某些脉冲电路和 LED 集成电路驱动）。

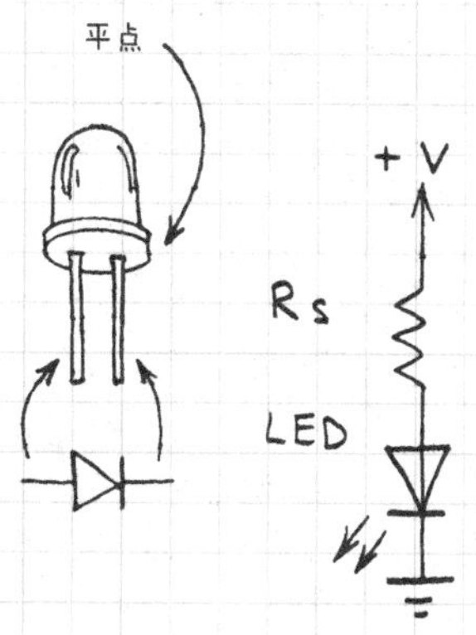

例子：假设要在 5V 电源，10mA（或 0.01A）的正向电流（I_{LED}）下使用一个红色的 LED，而 LED 的数据表显示发红光时，LED 两端的电压（V_{LED}）是 1.7V。因此，电阻 R_S 的阻值为（5-1.7）/0.01 或 330Ω。

2. 亮度可变 LED

调整 R1 来改变流过 LED 的电流，从而改变它的亮度，必须使用 R_S（如下文所示）。

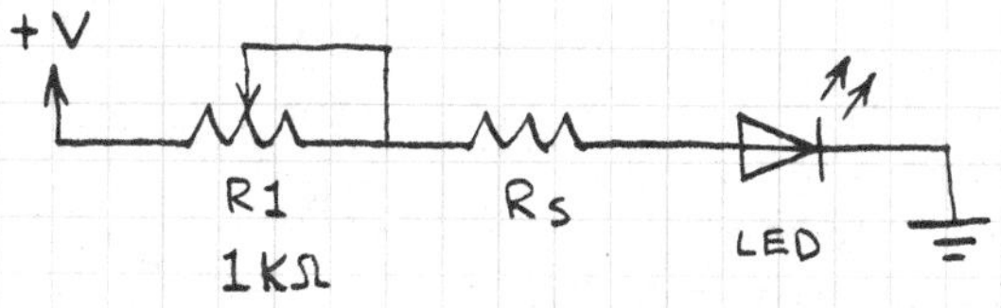

3. 极性指示器

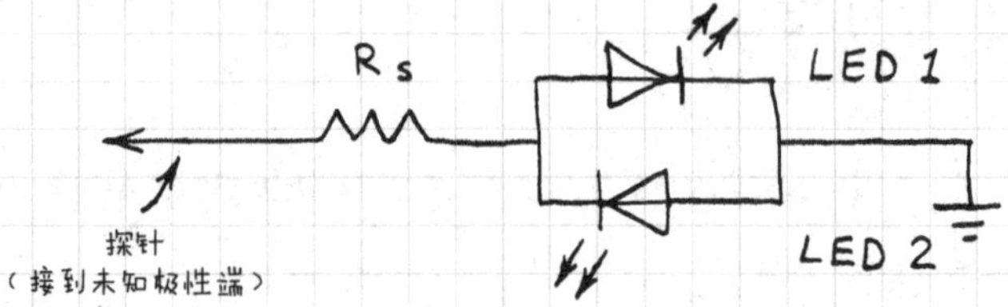

这个电路显示了一个电压的极性，必须使用 R_S（如下表所示）。

（LED）	+	−
1	开	关
2	关	开

4. 三态极性指示器

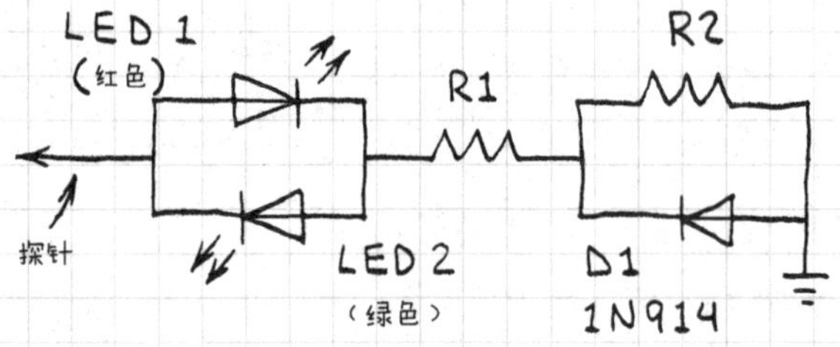

$$R1=\frac{V_{IN}-(V_{LED2}+0.6)}{I_{LED2}},\quad R1+R2=\frac{V_{IN}-V_{LED1}}{I_{LED1}}$$

这是一个更多彩的电路版本。

输入颜色

+	红色
−	绿色
AC（±）	黄色*

* 当两芯片 LED 都被使用时。

5. 双 LED 闪光灯

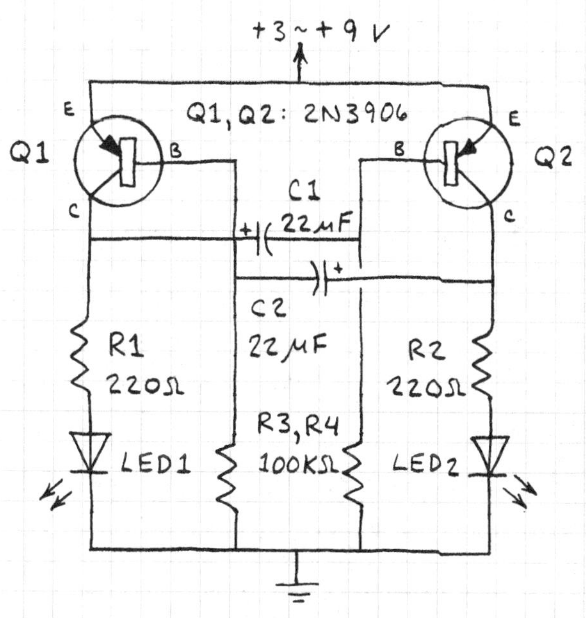

这个电路叫作自激多谐振荡器。它与触发器循环触发自身的作用是相同的。Q1 和 Q2 都是通用的 PNP 型晶体管（2N3906、2N2907 等）。R1 和 R2 限制流过 LED 的电流（交替闪烁）。C1 和 C2 将降低闪烁频率。

（1）电压电平指示器　在每个电路中，当 V+ 达到齐纳二极管 +V_{LED} 的击穿电压（V_Z）时，LED 发光。每个 LED 都要有单独的电阻 R_S。右边的电路当使用一个 V_Z 更高的齐纳二极管时，它会用光柱显示输出。将齐纳二极管串联，可以获得更高的总 V_Z。

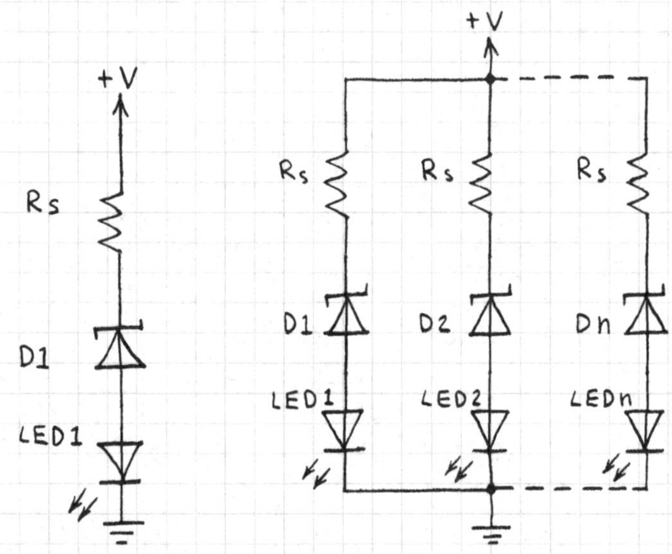

（2）闪光器 LED + 继电器　闪光器 LED 包括一个内置的 IC 来让 LED 每秒闪烁几次。

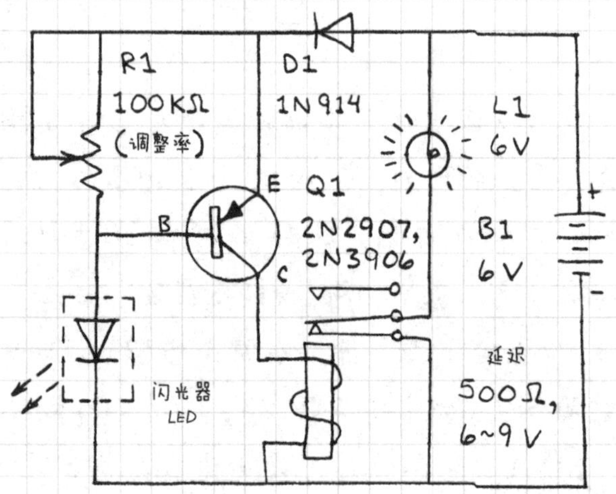

这个电路显示了如何"利用"这个闪光器频率（通过 Q1）形成一个简单的脉冲发生器来驱动继电器，或者说驱动白炽灯。D1 用来保持闪光 LED 两端的电压接近 5V。

9.4.2 半导体光探测器电路

1. 光电表电路

（1）光敏电阻

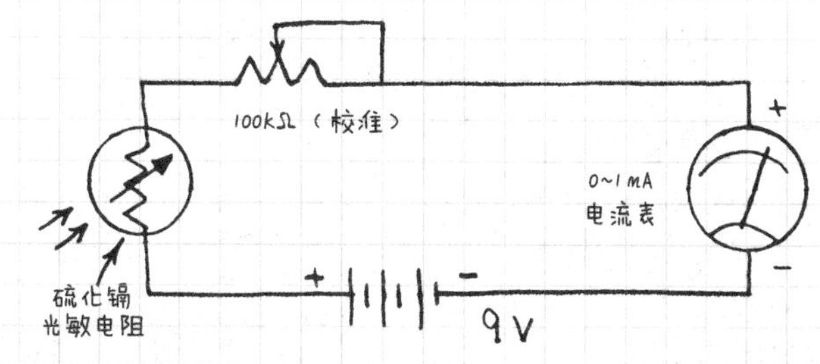

（2）太阳电池

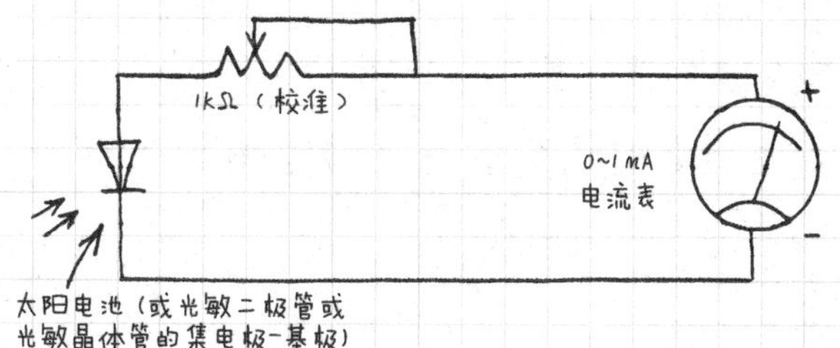

2. 光控继电器电路

（1）光敏电阻　继电器在光移除后可以短暂保持工作状态。

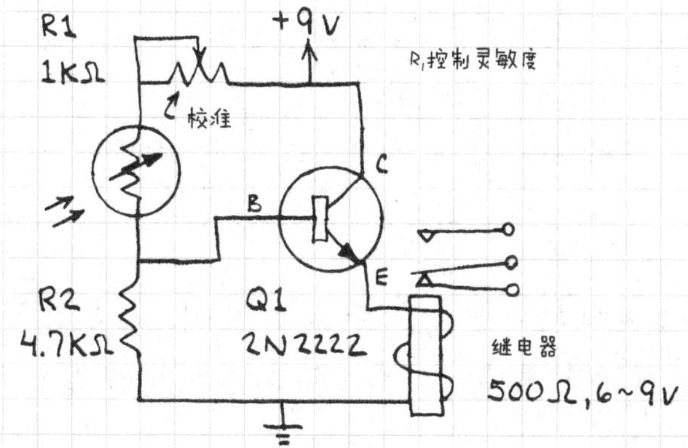

（2）光敏晶体管　比光敏电阻电路的响应速度快。当光移除后没有延时。

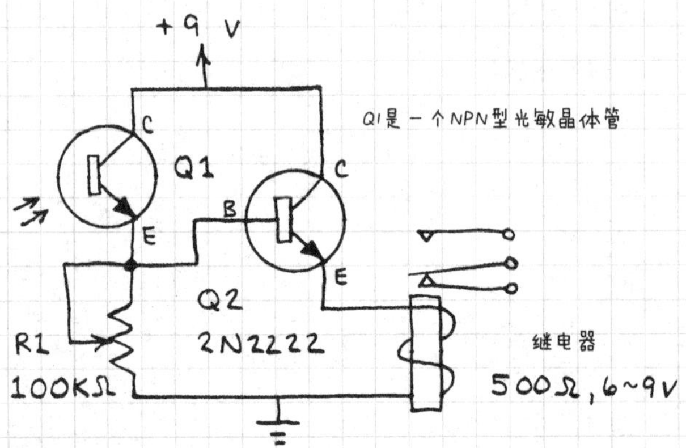

3. 无光继电器电路

（1）光敏电阻　只有当光敏电阻上无光时，继电器才工作。

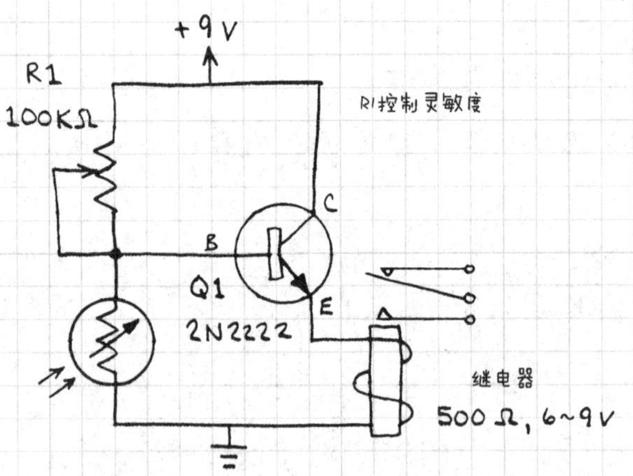

（2）光敏晶体管　当Q1上无光时，继电器工作。Q1上的光使得继电器停止工作。用R1来校准电路。

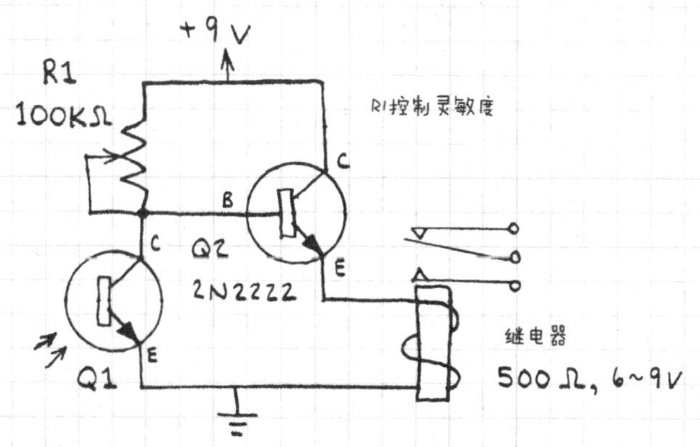

4. 可听的光探针

这是本书中最有趣的电路之一。各种PNP和NPN型晶体管都可用于Q1和Q2。当光敏电阻上的光照强度增加时，扬声器声音的频率增加，它非常灵敏。试试这个：在黑暗的房间里调试电路，直到声音减慢为一系列的点击声，然后用手电筒照射光敏电阻。

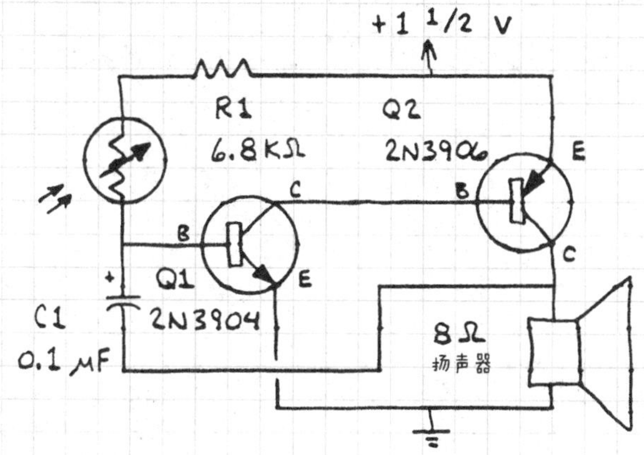

5. 太阳电池充电器

通过在电池的触点上熔化焊锡和接入导线来连接电池的引脚。

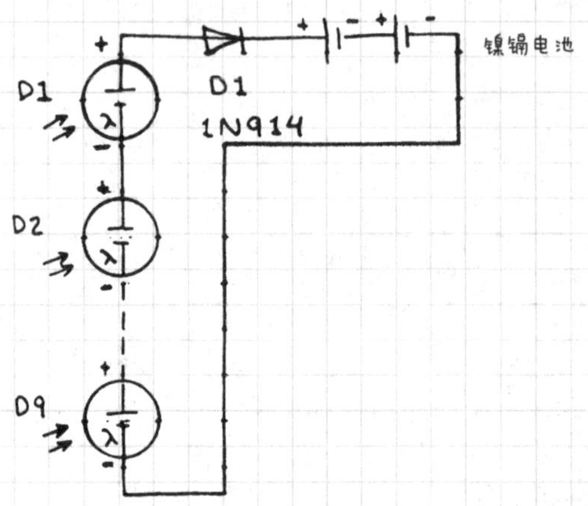

用九个电池来给两个镍镉电池充电。太阳电池的电流不能超过镍镉电池的最大充电频率。可以通过在镍镉电池和D1之间连接一个万用表来监测电流情况。插入串联电阻或移除太阳电池可以减少电流。D1使镍镉电池放电通过太阳电池（当黑暗时）。太阳电池易碎，应小心焊接和安装。

6. 光触发锁存电路

（1）继电器　　（2）LED（或灯泡）

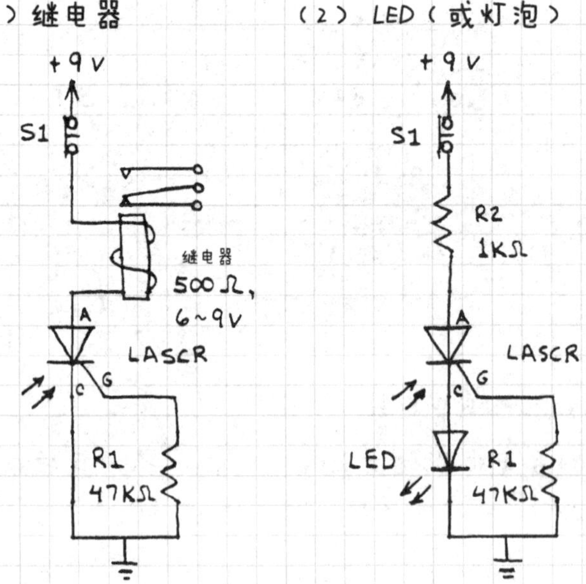

（3）蜂鸣器 这些电路都是由光来驱动的。打开 S1 来使 LASCR 关断。一些 LASCR 比其他元器件对光更敏感，会被相应照相机的闪光灯（氙气闪光灯单元）发出的光触发。

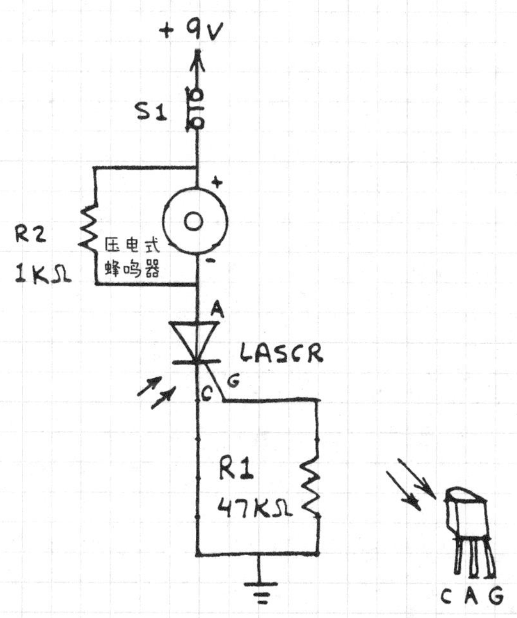

9.5 数字 IC 电路

数字 IC 非常容易使用。下面将介绍一些 TTL 和 CMOS 电路。

9.5.1 TTL 电路

1. 使用要求

1）电源电压不能超过 5.25V，参见第 9.6.3 节的使用：

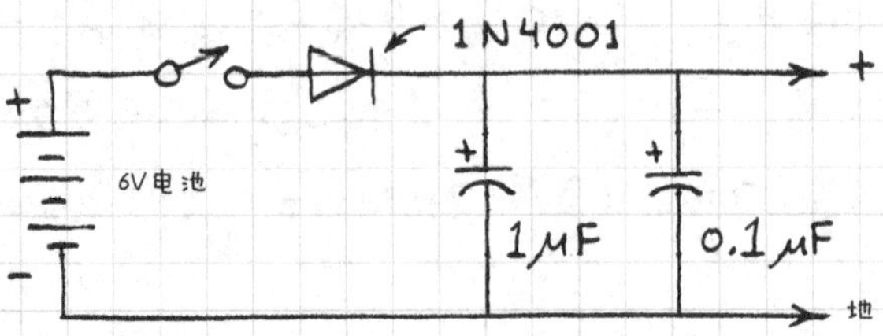

2）输入不能超过+5.25V。

3）输入必须要连接（不能"悬空"）。

4）没有使用的输出的栅极接高电平来保存功率（例如，未使用的"与非"门应让它的一个输入端接高电平）。

5）电路中避免使用过长的线。

6）在电源线进入电路的位置处将1连到10μF的电容上。

7）在多芯片电路中，每个TTL芯片的电源引脚上都连接一个0.1μF电容。

8）记住，TTL所需的电流比LS或CMOS都要大。

2. D触发器

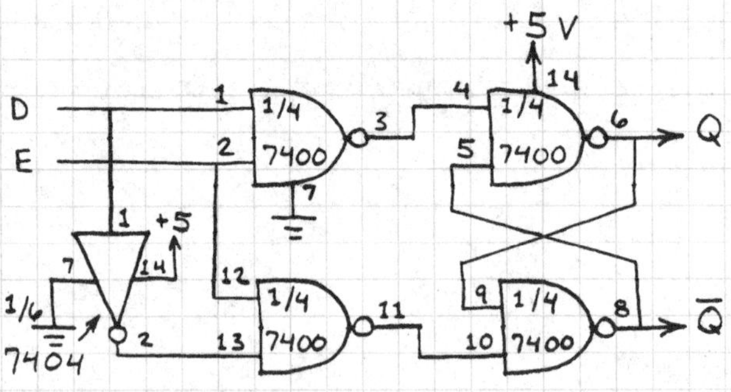

当使能端（E）接高时，Q=D
当E接低时，不发生改变

3. 时钟RS触发器

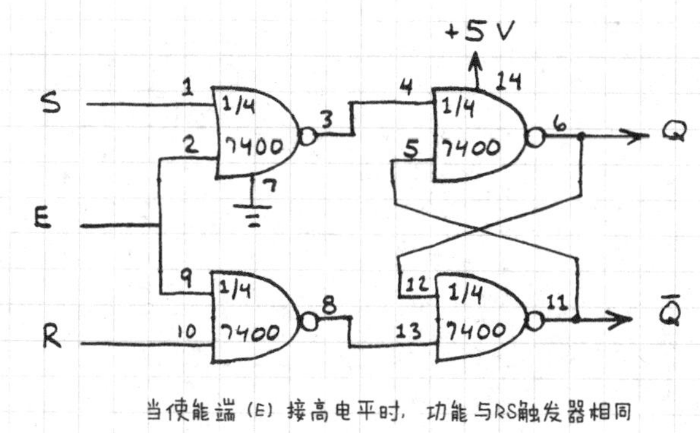

当使能端（E）接高电平时，功能与RS触发器相同

4. 双LED闪光器

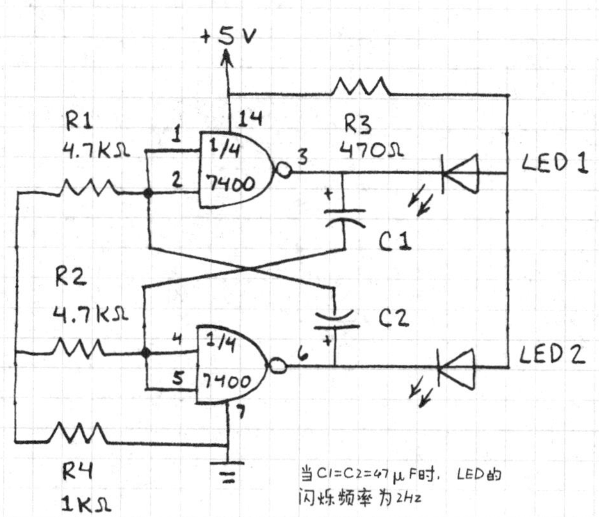

当C1=C2=47μF时，LED的闪烁频率为2Hz

5. 音频发生器

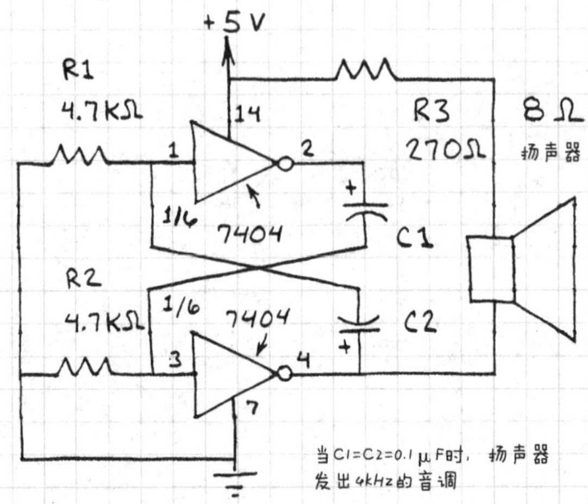

6. 0~9s（或min）定时器

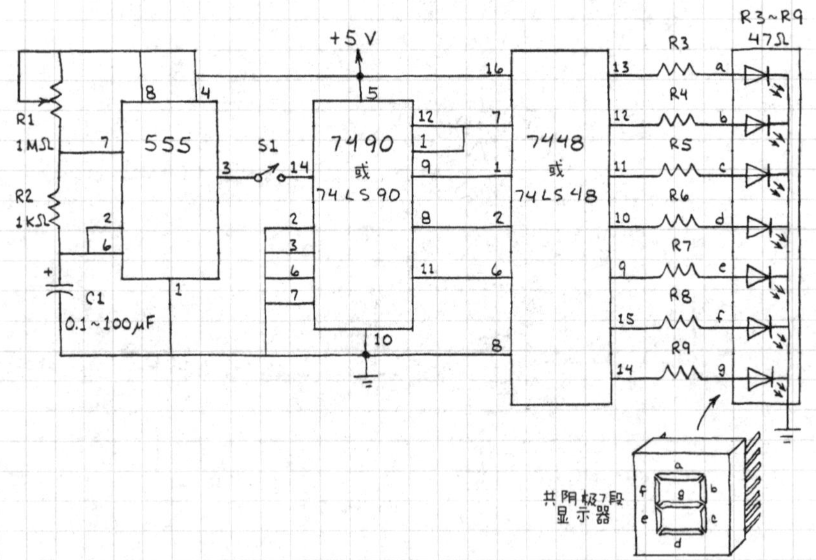

S1关断，555产生的脉冲将会被7490计数。7448将7490的BCD输出转换到LED显示器的7段数字上。调节R1和

C1来获得需要的脉冲频率。下图用来增加额外的数字：

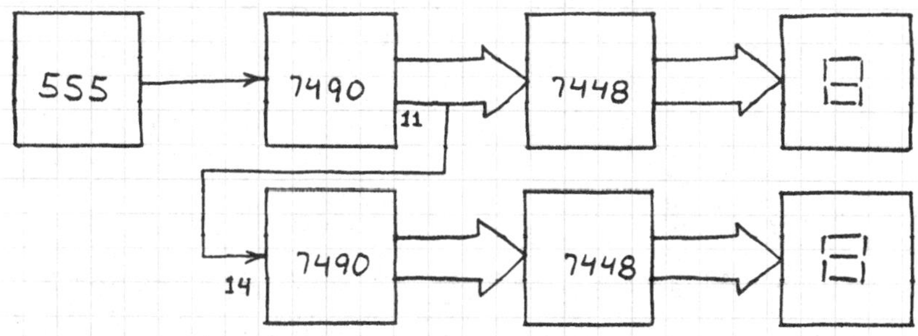

注意：这个基本电路可以对其他电路的脉冲进行计数。消除555的脉冲，将其他脉冲（最大电压为5V）连接到7490上。

7. 五分频计数器

将输入"信号"的脉冲分为五份，可以在上面电路的输入中使用。

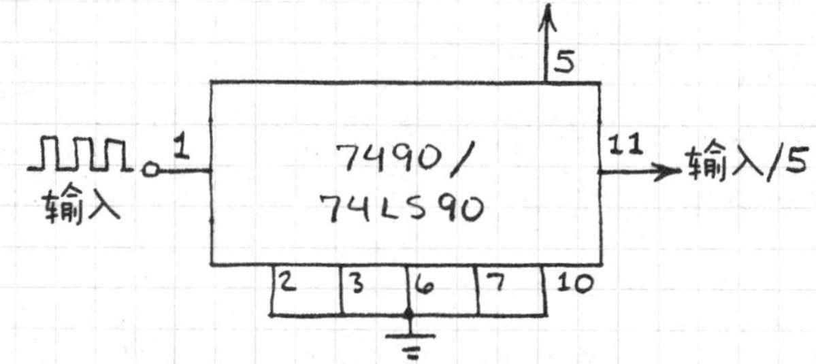

8. 十分频计数器

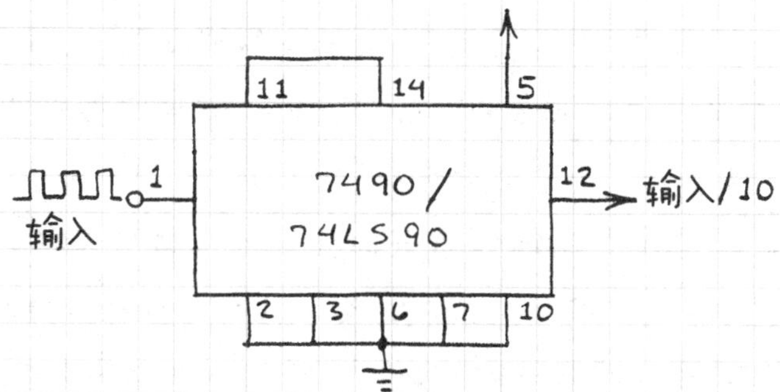

将输入“信号”的脉冲分为十份，可以在上面电路的输入中使用。

9.5.2 CMOS 电路

1. 操作要求

1）CMOS 芯片的正极电压（V_{DD}）范围是 +3 ~ +15V（或 +18V）。使用第 9.6.3 节的电源电压或电池（最好）来供电。

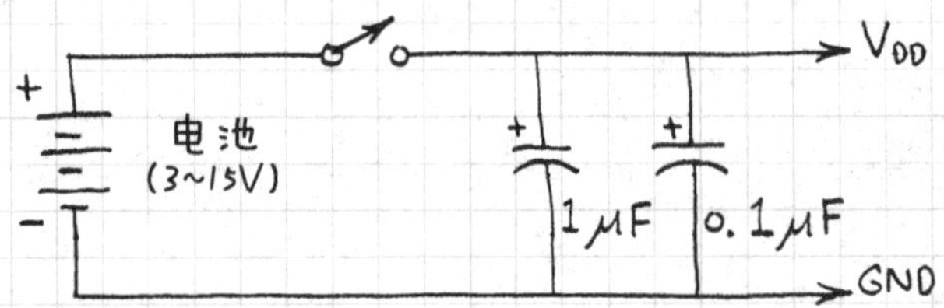

2）输入电压不能超过 V_{DD}。

3）所有没有使用的输入都要接 V_{DD} 或接地。

4）不要将输入信号连接到没有供电的 CMOS 电路上。

操作注意事项如下：

1）当 CMOS 芯片的引脚不在电路中或没有妥善储存时，将它们放在铝箔板或托盘上。

2）不要将 CMOS 芯片储存在不导电的塑料泡沫、托盘、塑料袋或其他容易中。应将它们用导电的形式或者放在铝箔包裹的成型的塑料中储存。

3）避免用交流线路供电的电烙铁来焊接 CMOS 集成电路的引脚。使用有 IC 插座、电池供电的绕线电烙铁。

4）通过触摸接地的物体来让释放身上的静电荷。

2. 无跳动开关

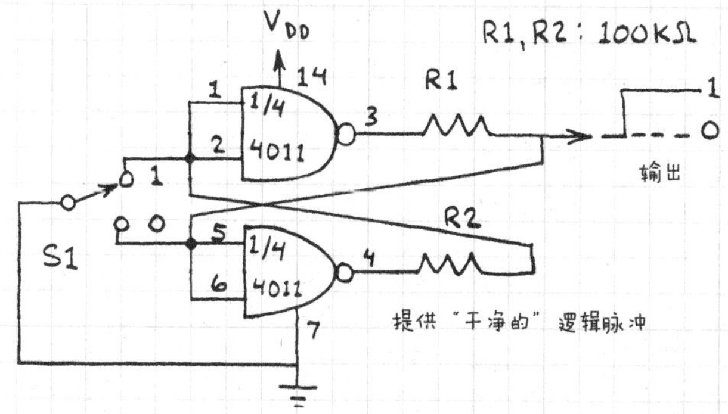

3. 单 LED "门控" 闪光器

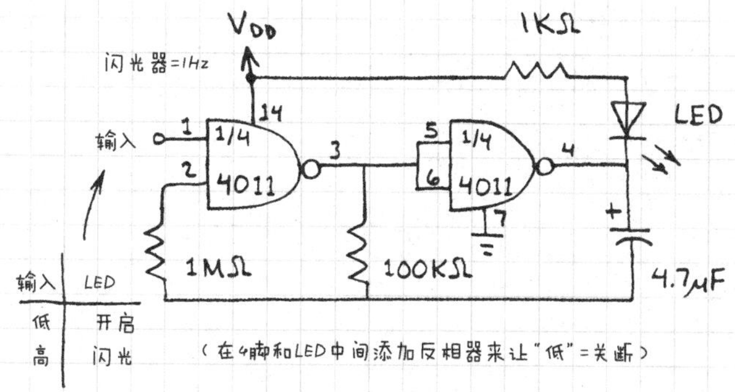

4. "一次性" 触摸开关

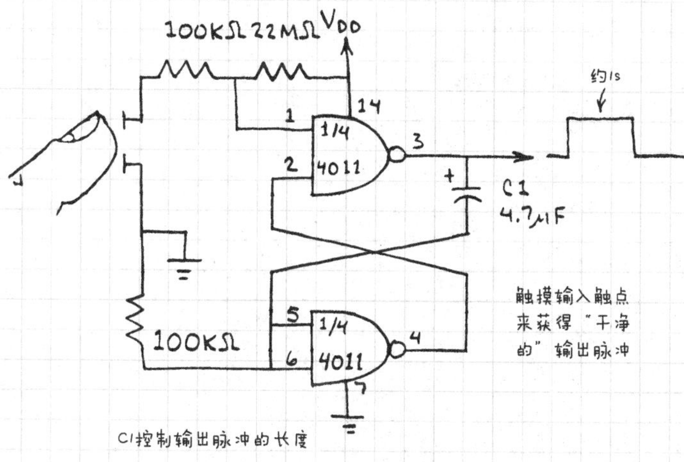

5. 双 LED 闪光器

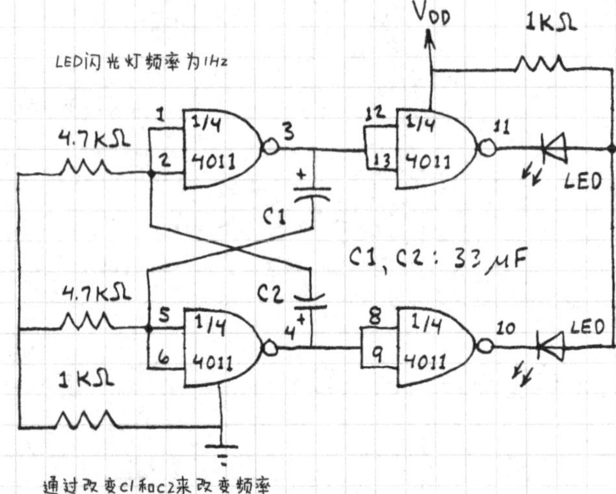

6. 微型无线电发射器

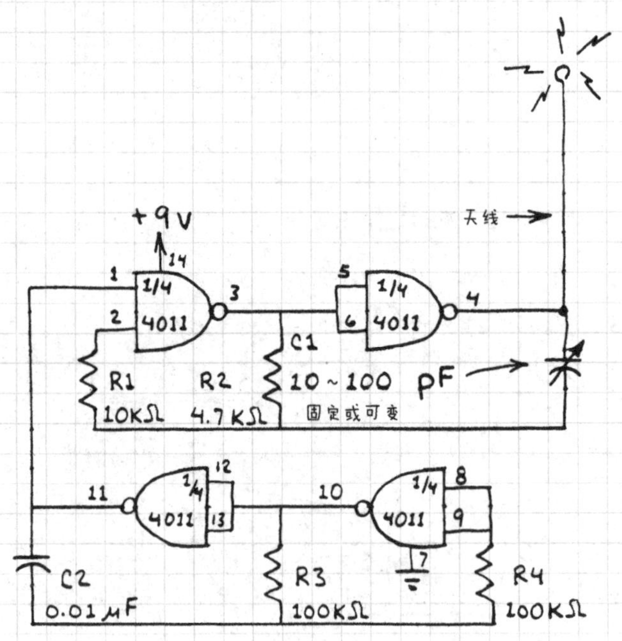

给附近的电台发送声音，用调谐收音机和/或 C1 来收听发送的声音，使用绝缘工具来调谐 C1，C2 控制调谐频率，使用 1～2ft 的导线作为天线。

7. "门控"音频发生器

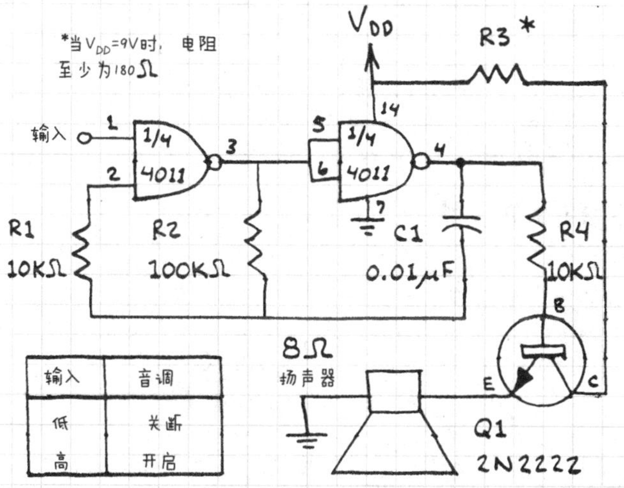

结果显示为 1.3kHz 音调。C1 和 R2 控制音调频率，R3 控制音量。输入可以是开关（V_{DD}/GND）或者逻辑信号。

8. 标准的触摸开关

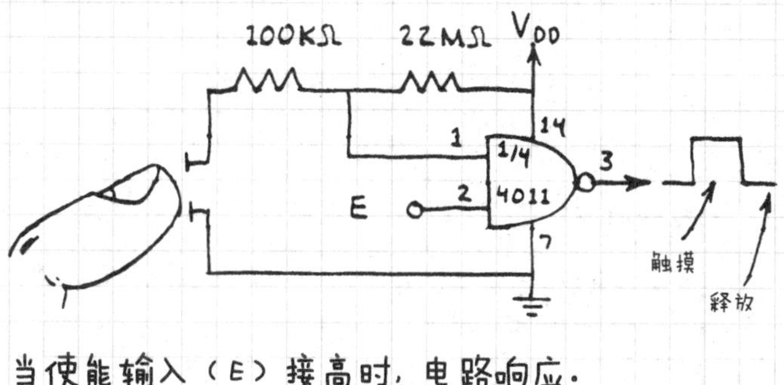

当使能输入（E）接高时，电路响应。

9. 线性10倍放大器

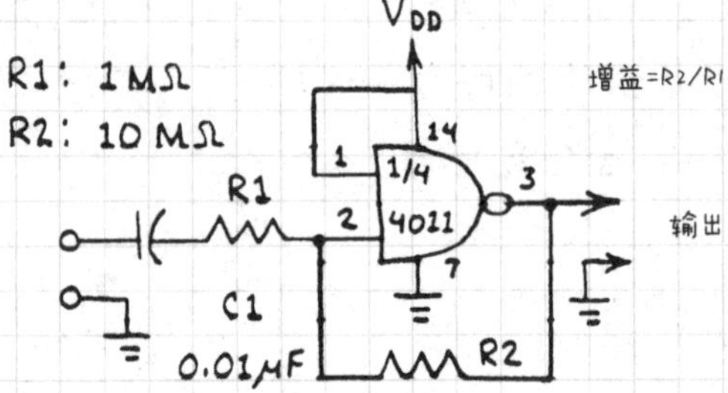

这是没有用在数字电路中的数字门。

10. 频率发生器

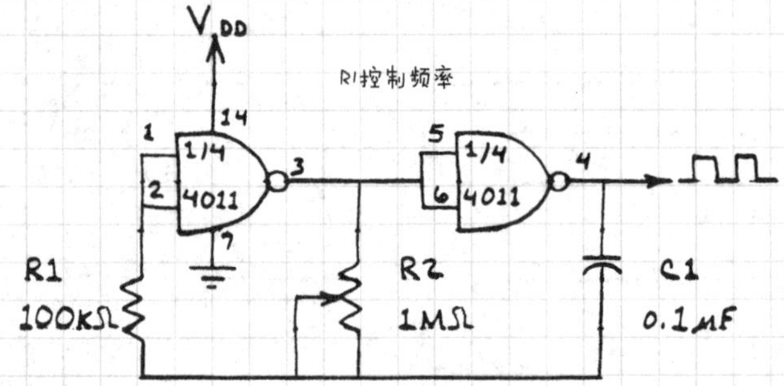

用来给其他电路提供"时钟"脉冲。

11. 闪光器

C1和R1控制频率。白炽灯可以使用单独的电源供电。

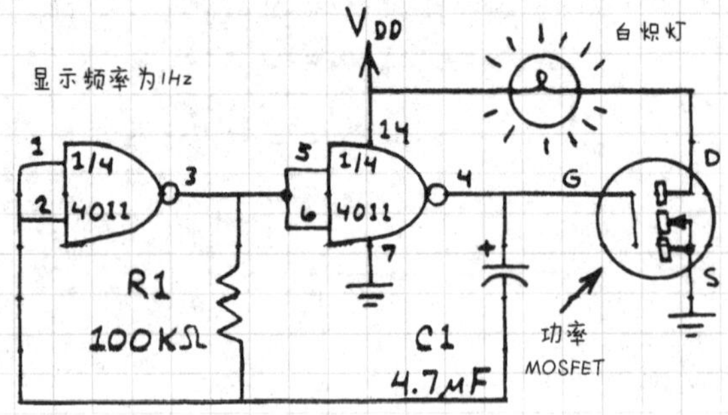

12. 电子硬币投币机

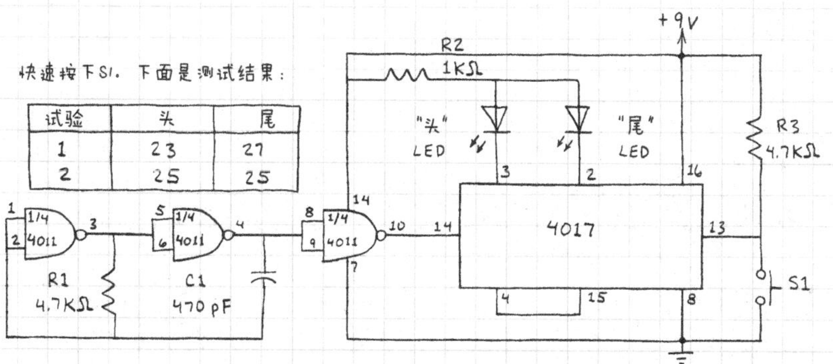

试验	头	尾
1	23	27
2	25	25

13. 随机数发生器

LED显示阵列

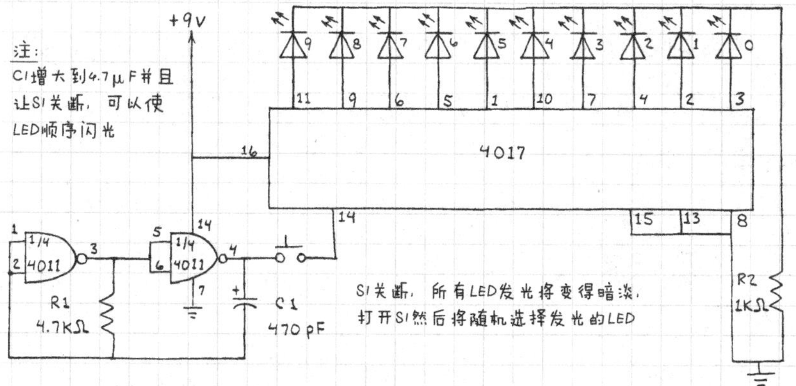

14. 1~4 音序器

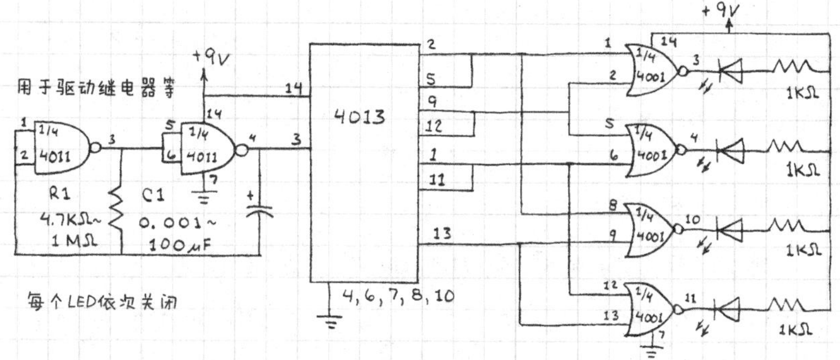

15. 铁路道口闪光灯模型

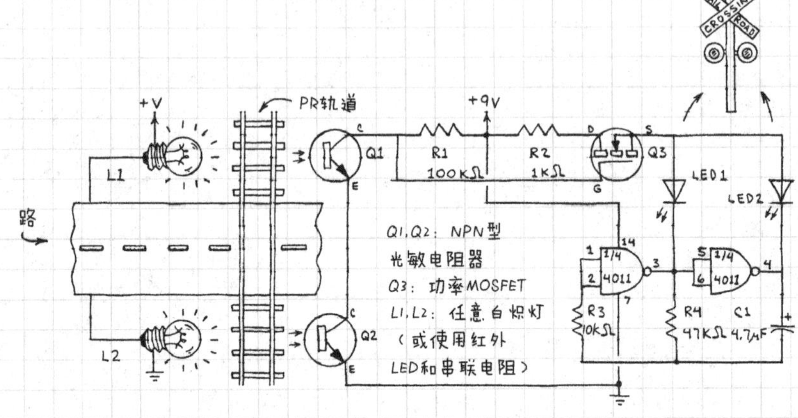

当列车将光柱折射到Q1或Q2时，LED交替闪烁。LED持续闪烁，直到火车通过。用室内灯的一个热收缩管来屏蔽Q1和Q2。

16. 可编程增益运算放大器

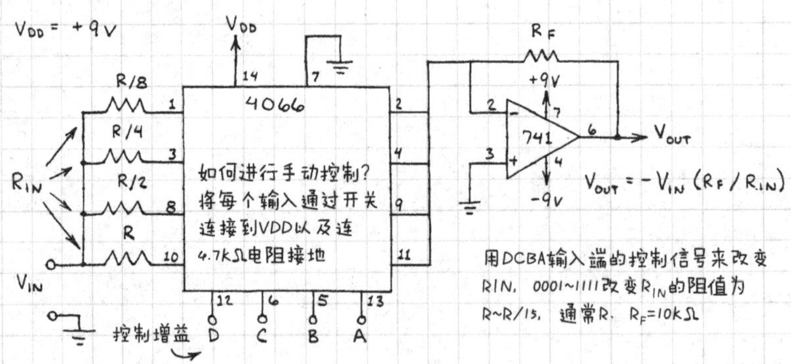

17. 全开-全关音序器

所有输出按顺序变为低电平，然后再变为高电平（A→B→C→D→A→B等）。用发光二极管作为醒目的显示。对于“级联”操作，将第一个4013的5脚连接到第二个4013的13脚（不是12）。

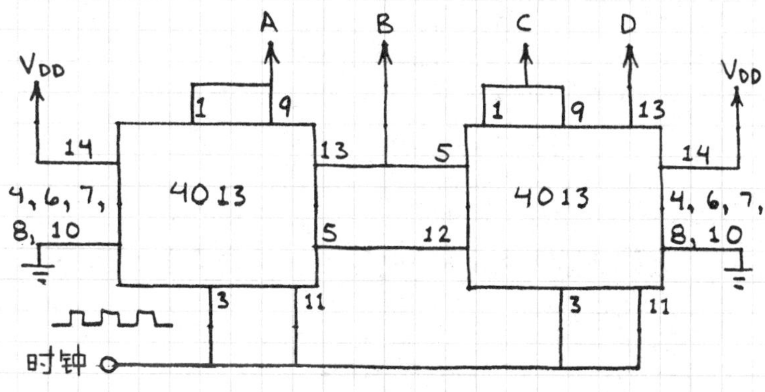

9.6 线性IC电路

可以用线性集成电路制造出各种各样的电路。下面展示几种例子。

9.6.1 运算放大器电路

1. 音频放大器

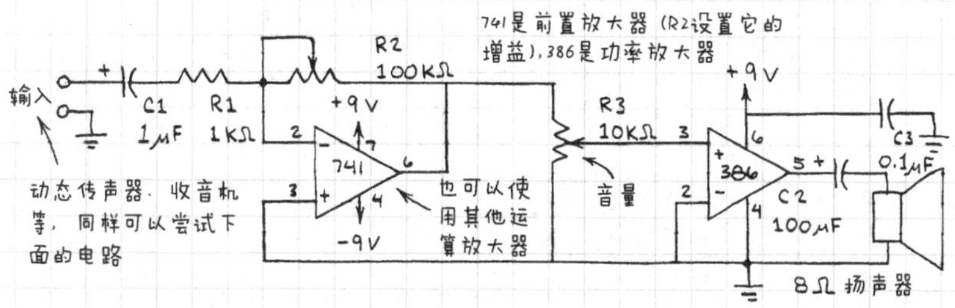

2. 混合器

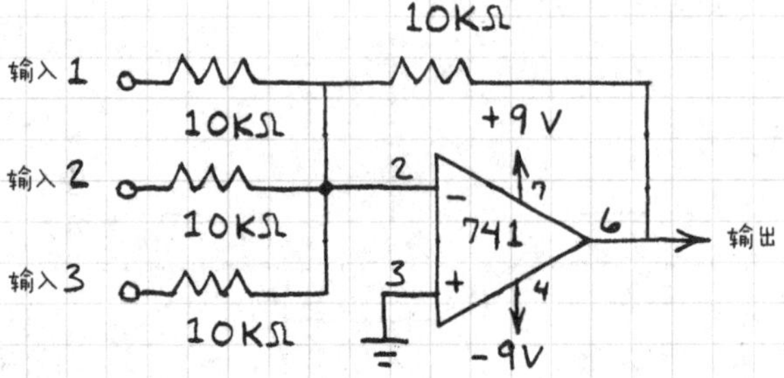

几个输入端同时输入，使用上图中的音频放大器。

3. 差分放大器

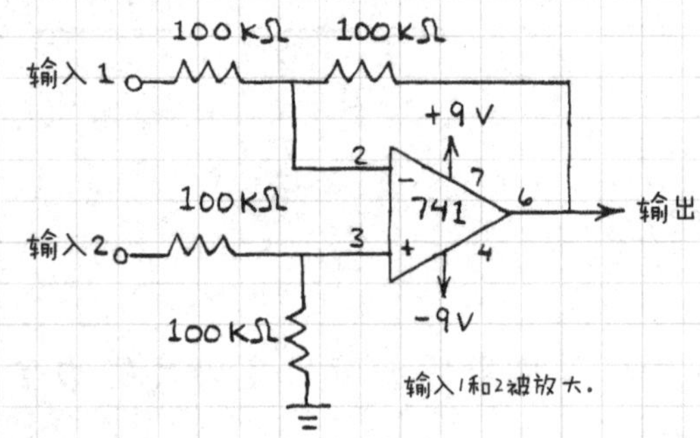

4. 光波声音发射器

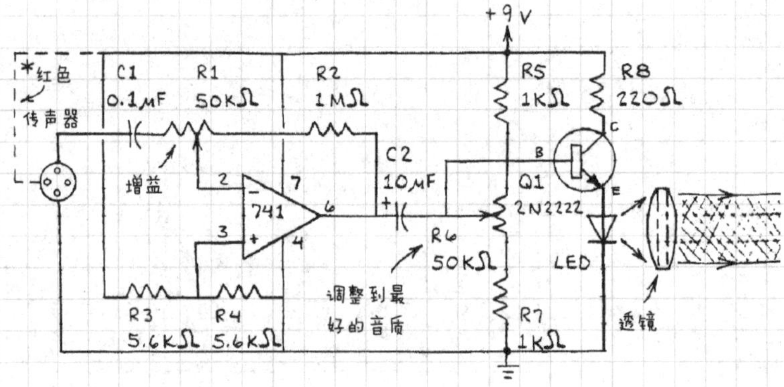

传声器是晶体或驻极体传声器，LED 是红外线型。用透镜将 LED 的光聚焦到窄光束中。为了测试，将无线电耳机放置在传声器附近。调整 R1 和 R6 来获得最好的接收声音。

5. 打击乐合成（钟、鼓等）

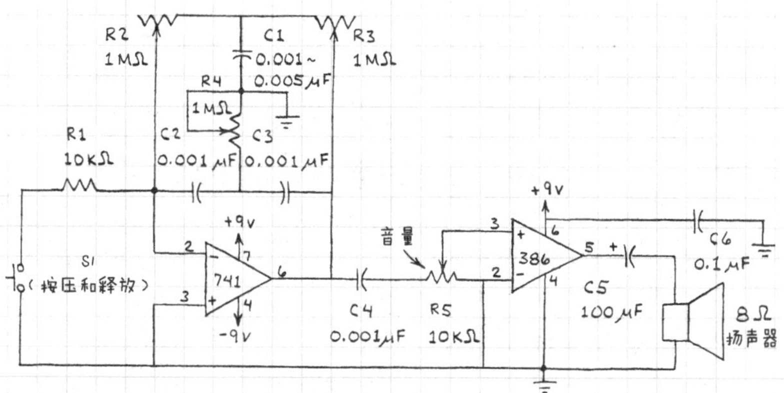

设置 R2 和 R3 到某一位置。调节 R4 使振荡器刚好停止振荡。关闭 S1，再次调节 R2、R3 和 R4 使振荡器停止振荡。这时将会拥有一个电子钟、鼓、小手鼓等。

6. 光敏调音发生器

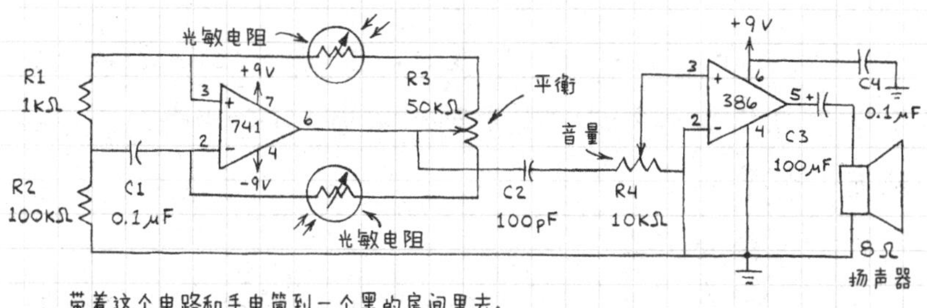

带着这个电路和手电筒到一个黑的房间里去。

7. 光波通信接收机

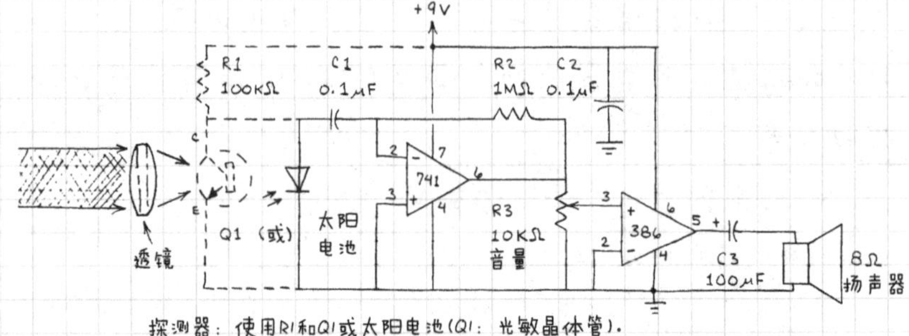

探测器：使用R1和Q1或太阳电池(Q1：光敏晶体管)。

将检测到的声音或音调调制成光束。使用透镜使其范围更广。将探测器放置在远离阳光的位置。

9.6.2 比较器电路

1. 电压监测器

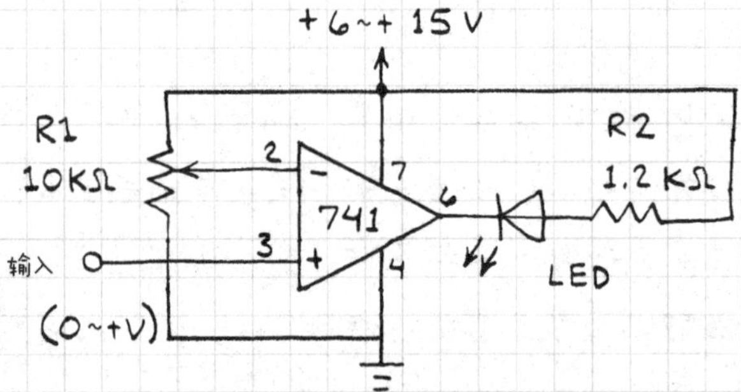

当输入电压为零时，LED发光。当输入电压升高到一个能由R1决定的水平时，LED关断。交换2脚和3脚的连接来转换工作模式。

2. 光强指示器

当光强降低到一个能由R2决定的水平时，蜂鸣器发出声音。当光强增加时，交换2脚和3脚的连接来听到声音。

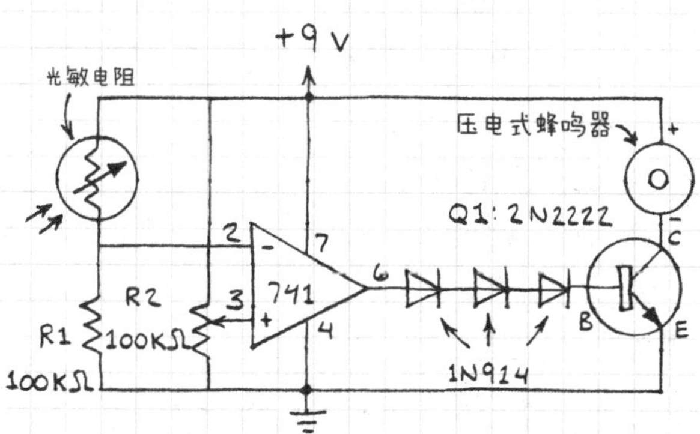

3. 柱状电压比较器

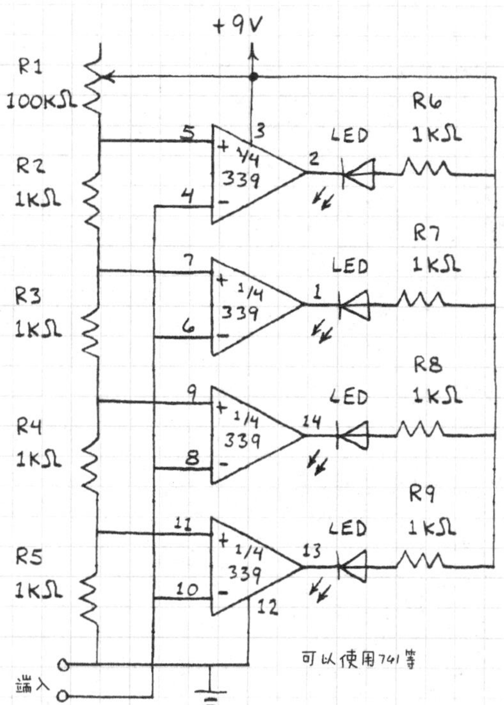

LED随着输入电压增高轮流点亮，R1控制灵敏度。

4. 窗口比较器

把R1调到中心位置，遮住光线同时调整R3到LED2恰好点亮。电路将会有如下响应（R1 和 R3 控制响应）：

黑暗⟶光

LED1 = 关断⟵开启⟶关断

LED2 = 开启⟵关断⟶开启

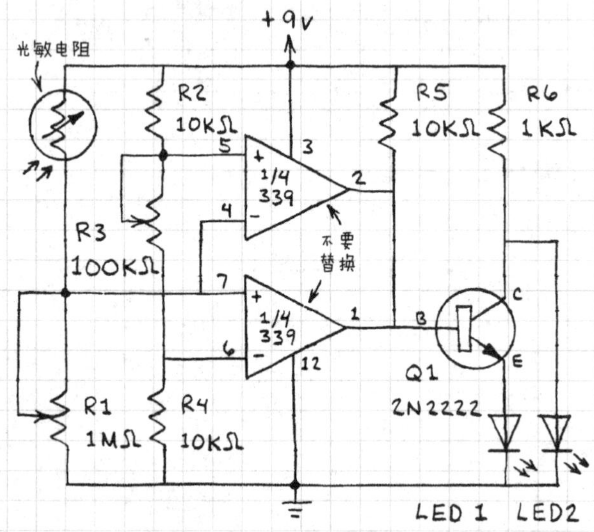

9.6.3 电压调节器电路

1. 固定输出供电电源

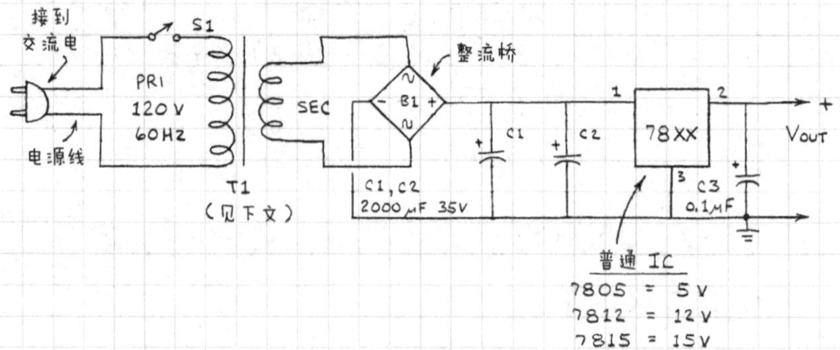

如果加入合适的散热器，则这种基本电源在额定输出时可提供高达1.5A的电流。

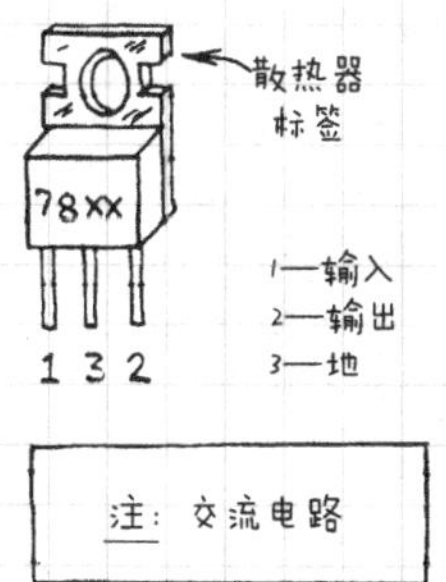

注：交流电路

必须使用额定电压和额定电流下的变压器。如果芯片过热，则稳压器将会"关闭"。为了达到更好的效果，在标签和散热器之间使用有机硅化合物。所有连到AC电路上的元器件都必须是绝缘或者封闭的。

IC稳压器

7805 = 5V，7812 = 12V，7815 = 15V

2. 可变输出供电电源

注：交流电路。

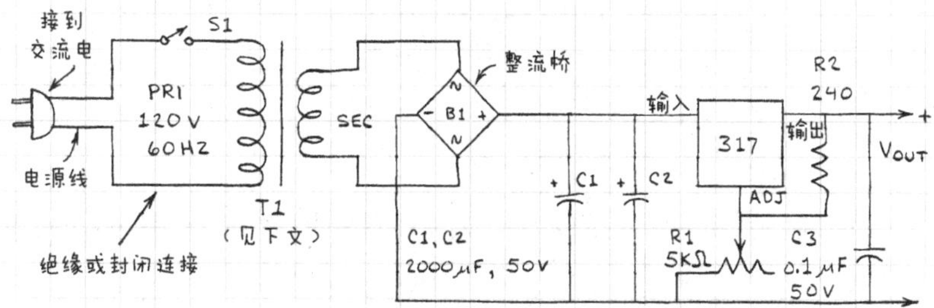

这种可调电源将提供从1.2～37V的电压和高达1.5A的电流，R1控制V_{OUT}（如果V_{OUT}最低达不到1.2V，则R1可能没有达到足够低的电阻）。T1应该有25V（或更高）

的二次电压以及2A或更高的额定电流.

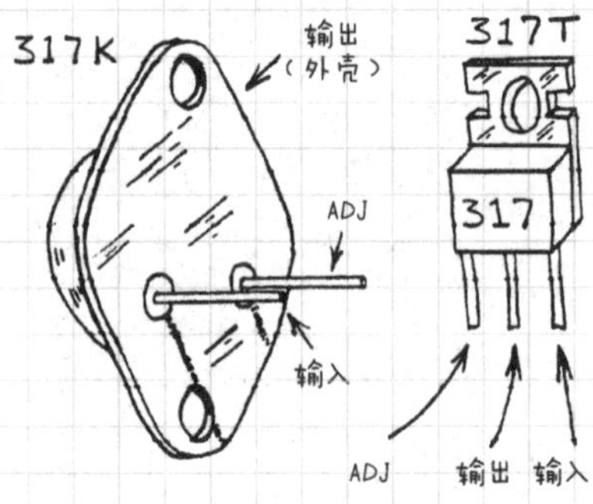

9.6.4 定时器电路

1. 基本定时器

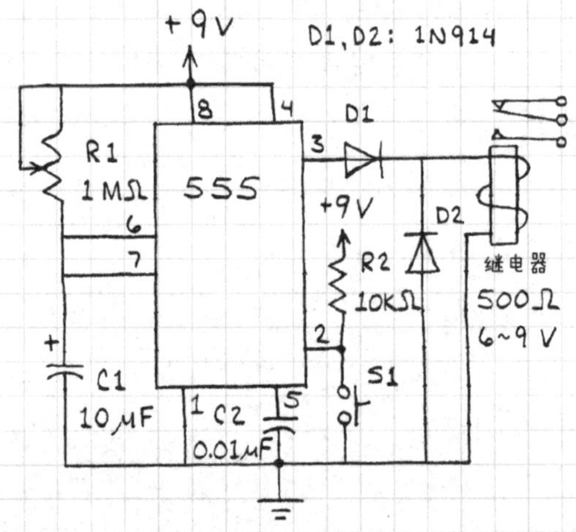

快速按下S1开始计时循环,继电器将被驱动(拉入)直到循环完成. R1和C1控制延时长度. 使用较大的C1值来得到长的延时. 电路同样也会响应逻辑脉冲.

2. 猝发音脉冲发生器

按下S1,扬声器发出声音. 释放S1,声音还会持续几秒.

C2 和 R4 用来控制延时，C1 控制频率（只能使用 7555，因为 555 的电流太大）。

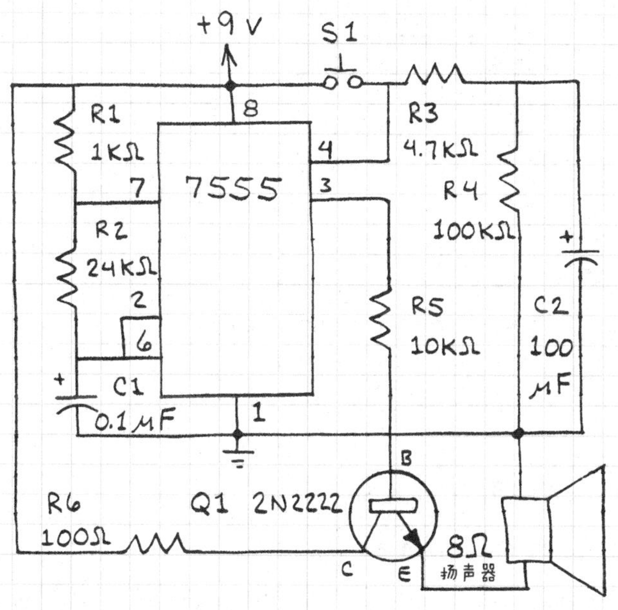

3. 脉冲发生器

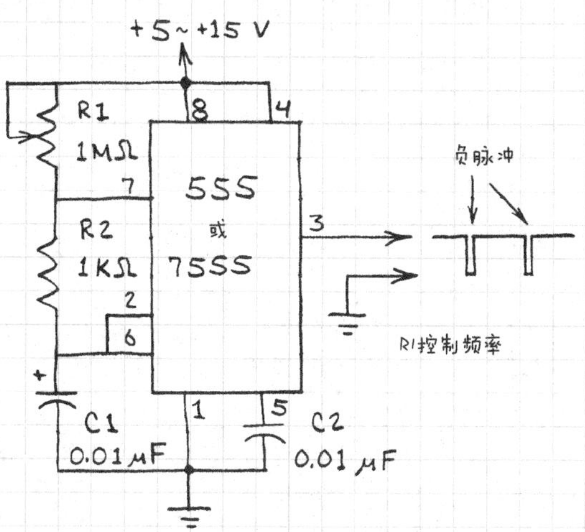

这个电路用来为数字逻辑电路等提供脉冲。

4. LED音频发射器

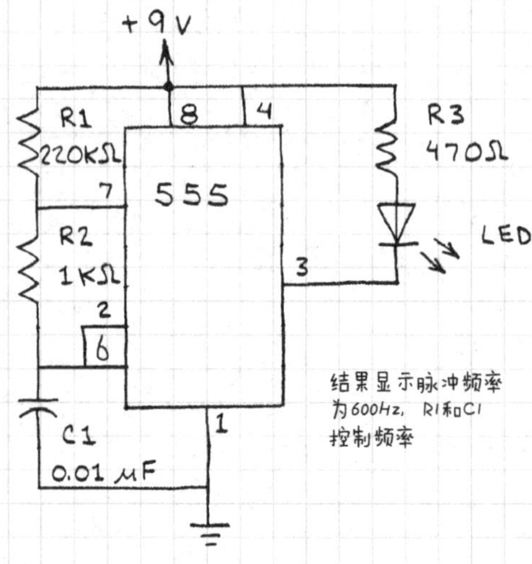

这个电路用来测试光接收机。

5. 光/黑暗探测器

当S1掷于“L”，光照亮光敏电阻时，扬声器发出声音。

当S1掷于“D”，光敏电阻没有接受光照时，扬声器发出声音。

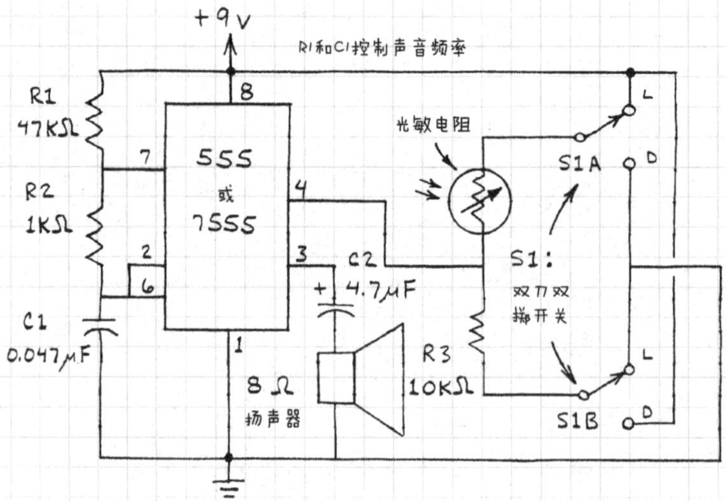

6. 三态音频发生器

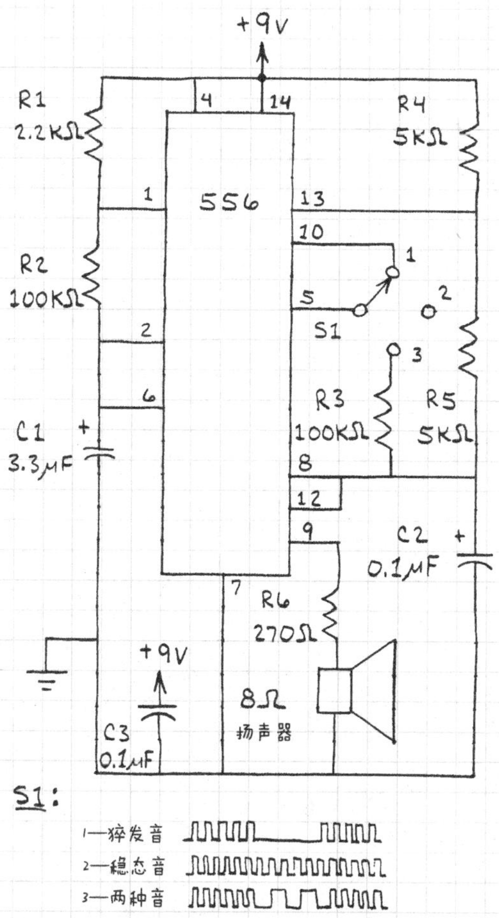

7. 事件失效报警器

当接入电源时，555 进入一个计时循环周期。除非 S1 在循环结束前关断，否则压电式蜂鸣器会发出声音。这个周期可以随时通过关断 S1 来复位。

注：S1 可以替换为外部电路的一个信号。

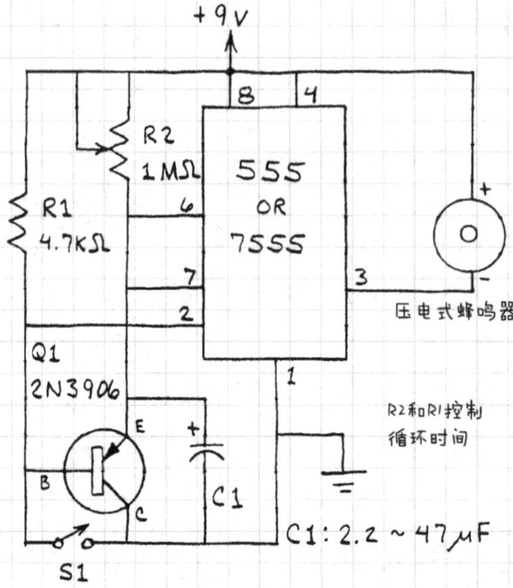
+9V
8
4
R2
1MΩ
555
OR
7555
6
R1
4.7KΩ
7
2
3
+
-
压电式蜂鸣器
Q1
2N3906
1
R2和R1控制
循环时间
E
+
B
C1
C
C1: 2.2 ~ 47μF
S1

附录

电路符号对照表

名　　称	电阻	电位器	电容	电解电容
本书符号		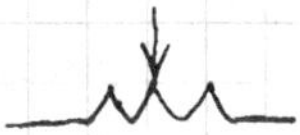	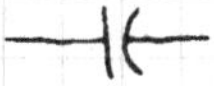	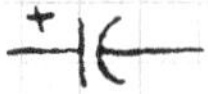
标准符号		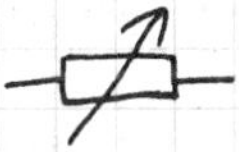		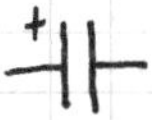

名　　称	二极管	稳压二极管	PNP 型晶体管	NPN 型晶体管
本书符号			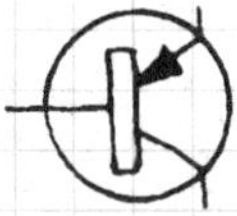	
标准符号				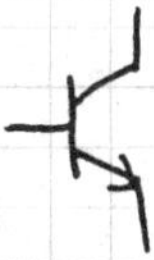

名　　称	LED	光敏二极管	光敏电阻	光敏晶体管
本书符号	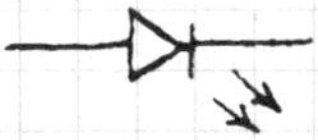	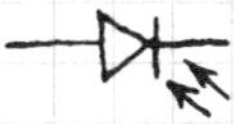		
标准符号				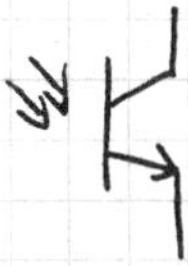

（续）

名　　称	开关	单刀双掷开关	常开按钮	常闭按钮
本书符号		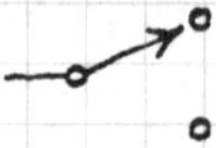		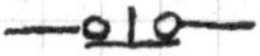
标准符号				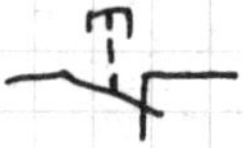
名　　称	继电器	变压器	扬声器	压电蜂鸣器
本书符号		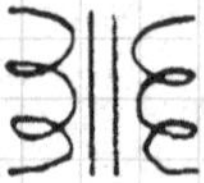		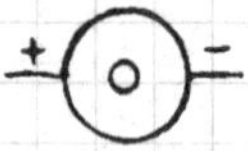
标准符号	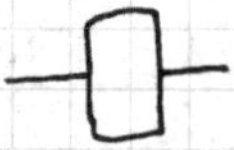	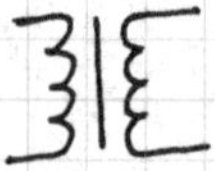		
名　　称	灯	电池		
本书符号	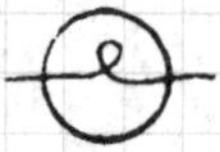	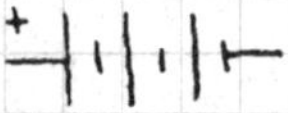		
标准符号		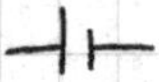		